区間分析による評価と決定

田中英夫　円谷友英　杉原一臣　井上勝雄　著

KAIBUNDO

著者のひとりである田中英夫は
長年の研究実績が高く評価され
2010 年 7 月下旬にバルセロナの国際会議（IEEE）で
名誉ある「Fuzzy Systems Pioneer Award」を受賞した。

目　次

まえがき　iii

著者紹介　vi

第1章　区間分析による評価と決定とは *1*

第2章　区間分析の数学的準備 *7*
    2.1　区間表示 *8*
    2.2　区間演算 *9*
    2.3　区間確率 *14*
    2.4　区間データの検索 *16*

第3章　区間回帰分析 *21*
    3.1　統計的回帰分析 *22*
    3.2　区間回帰 —実数値データの場合 *25*
    3.3　区間回帰 —入力は実数値，出力は区間値の場合 *33*
    3.4　2次計画法による区間回帰について *40*

第4章　区間 AHP *43*
    4.1　AHP *44*
    4.2　実数データに対する区間 AHP *50*
    4.3　区間データに対する区間 AHP モデル *59*
    4.4　2次計画問題への拡張 *63*
    4.5　まとめ *65*
    付録：固有値法における強推移律と整合度の関係 *66*

第5章　DEA（包絡分析法） *69*
    5.1　実数データによる効率値 *72*
    5.2　区間データによる効率値 *84*

5.3　発展編 91
　　付録 99

第6章　エクセルによる解法と例題 105
　6.1　線形計画法 105
　6.2　エクセルのソルバー機能による解法 108
　6.3　区間回帰分析 111
　6.4　区間AHP 117
　6.5　DEA（実数データと区間データによる効率値）............... 124
　〔注〕エクセルソフトの入手方法 131

おわりに　*133*

索引　*135*

まえがき

　筆者はファジィシステムの研究を約 40 年行ってきた。ファジィ集合は概念（意味）のあいまいさを表している。実数上のファジィ集合はファジィ数と呼ばれ，たとえば，「約 2 ぐらいから約 5 ぐらい」はファジィ区間と言える。このファジィ区間は「約 2 ぐらい」と「約 5 ぐらい」とを度合いで定義しなければならない。この定義は個人によって異なるので，通常の区間のほうが受容しやすい。このような理由でファジィ数より，区間を用いるようになった。

　ファジィ回帰分析は 1982 年に提案し，その後 500 編以上の論文が発表されている。しかし，わかりやすさのために，1997 年頃から区間回帰分析という題名で論文を書き，2005 年頃から，応用統計の分野で区間回帰がしだいに認知されるようになった。たとえば，2007 年の ISI（International Statistical Institute, 1853 年設立の最も歴史のある統計学会）国際会議で招待発表をした。あいまいさを区間で表現する方法の便利さ，理解の容易さ，実用性の利点などを考え，本書を企画した。

　まず，年齢に関する情報は，ある人 A1 の年齢は 37 歳という実数でわかっているが，ある人 A2 の年齢は 30 歳～36 歳，また A3 の年齢は 33 歳～35 歳というように幅がある年齢しかわからないこともある。このとき，A1 = 37，区間 A2 = [30, 36]，区間 A3 = [33, 35] と表し，A3 は 33 歳，34 歳，35 歳の可能性があると考えている。すなわち，区間はあいまいな情報の可能性を表現している。いま，32 歳から 35 歳までの人を探す検索問題を考える。検索項目は B = [32, 35] であり，A1，A2，A3 の人との適合をどのように考えるかが問題である。ここで 2 つの考えかたがある。検索項目 B と交わっていれば，その人を可能的な人であると考える。すなわち，B の可能性は {A2, A3} である。これが可能解である。これに対して，B の必然性は，検索項目 B の中に完全に含まれている人を必然的な人であると考える。すなわち，B の必然性は {A3}

だけになる．なぜなら，A3 の人は 33 歳でも，34 歳でも，35 歳でも検索項目に適合しているので，必然的に検索される．すなわち，A3 は必然解である．B の可能性の場合，A2 のとき，この人が 30 歳，31 歳または 36 歳のときは本来検索できないが，32 歳，33 歳，34 歳，35 歳の可能性があるので，A2 は可能性という観点から可能性解に含まれる．このように，B の必然性解 B_* は B の可能解 B^* に含まれることになる．この関係を $B_* \subseteq B^*$ という数学的表記で表している．重要なことは，A2, A3, B のように不完全情報を取り扱う場合，上記のような可能性と必然性の 2 つの観点ができることである．現実の問題を考えるとき，不完全情報が多く存在する．

　本書では，現実問題のあいまいさに対応して，現実問題の解はあいまいであるべきであるという思考を反映して，評価のあいまいさと決定の多様性を目指している．手法は区間分析であるので，統計より理解しやすく，平易に区間演算などが書かれている．本書で取り上げている問題は ① 区間回帰，② 区間 AHP，③ 区間 DEA の 3 つであり，評価と決定に関するものである．ここで，AHP は Analytic Hierarchy Process の英語の頭文字であり，この手法は企業での部下の評価によく使われているものである．また，DEA は Data Envelopment Analysis の英語の頭文字であり，この手法によっていままで評価が困難であった公的事業体の評価が可能になり，最近人気のある手法である．これら 3 つの手法は線形計画問題，二次計画問題に帰着させているので，問題は Excel のソルバーを使って容易に解くことができる．Excel のソルバーにデータを入力するのが困難な場合があるので，データからソルバーを使って自動的に解くためのソフト（別売）が準備されているので，読者はデータを得るだけで，評価・決定結果が得られる容易さがある．

　以上のように，本書は一種のデータ解析の解説であるが，その原理をわかりやすく説明し，どのような観点で問題が分析されているかが明確に書かれている．したがって，数式をすべて理解できなくても，解析の意味だけが理解できれば，ソフトによって容易に結果が得られるという便利さがある．データを採取し，ソフトで結果を求め，その結果の意味を解釈し，必要であれば，問題の

数式モデルを再度考察されることを勧める。このような循環によって，区間分析による評価・決定という問題の取り扱いをより理解できると思われる。区間分析は発展途上の手法であり，区間モデルという数理モデルに興味のある読者は新しい区間数理モデルを開発されることを切に期待している。

　最後に，大阪府立大学工学部 田中研究室での多くの区間数理モデルに関する共同研究者，および広島国際大学心理学部 井上研究室でのソフト開発（とくに岸本寛之院生）および応用研究の共同研究者らの努力に感謝いたします。また，本書を出版するにあたって尽力をいただいた海文堂出版の岩本登志雄氏に心より感謝を申し上げます。

2011 年 7 月

著者代表　田中英夫

● 著者紹介 ●

田中 英夫（たなか ひでお）
【第1章～第3章】
1962年　神戸大学工学部計測工学科卒業
　　　　ダイキン工業総合研究所研究員
1969年　大阪市立大学大学院博士課程修了　工学博士
　　　　大阪府立大学工学部経営工学科助手
　　　　カリフォルニア大学電気計算機学科客員研究員
　　　　アーヘン工科大学OR学科フンボルト財団研究員
　　　　カンサス州立大学化学工学科研究員 を経て
1987年　大阪府立大学工学部経営工学科教授
2000年　大阪府立大学名誉教授
　　　　豊橋創造大学経営情報学科教授
2002年　広島国際大学心理科学部感性デザイン学科教授
　　　　同学部客員教授を経て2009年度に退職

円谷 友英（えんたに ともえ）
【第5章】
2002年　大阪府立大学大学院工学研究科電気・情報系経営工学分野
　　　　博士後期課程修了　博士（工学）
同年　　高知大学人文学部社会経済学科講師
　　　　マグデブルグ大学コンピュータサイエンス学部客員研究員 を経て
現在　　高知大学総合科学系地域協働教育学部門准教授

杉原 一臣（すぎはら かずとみ）
【第4章】
2003年　大阪大学大学院工学研究科応用物理学専攻修了　博士（工学）
同年　　福井工業大学工学部経営工学科講師
　　　　福井工業大学工学部経営情報学科講師 を経て
現在　　福井工業大学工学部経営情報学科准教授

井上 勝雄（いのうえ かつお）
【第6章】
1978年　千葉大学大学院工学研究科工業意匠学専攻修了
　　　　三菱電機（株）デザイン研究所インタフェースデザイン部長を経て
現在　　広島国際大学大学院心理科学研究科感性デザイン学専攻教授
　　　　博士（工学）

第1章

区間分析による評価と決定とは

　本書は区間分析によるデータの取り扱いについて説明し，この方法を評価と決定問題に応用する新しい試みである．区間分析については，まだあまり知られていないのが現状である．本章では区間データの必要性と部分的無知さを反映して，最終的結果を区間として求める重要性などを説明する．また本書で取り扱っている評価・決定問題である区間回帰，区間 AHP，区間 DEA の概略を説明し，これらの問題の解が Excel のソルバーで容易に得られる方法を概略的に述べる．

　通常の不確定要素がある問題は，大量のデータから統計的手法で解を求めることがなされてきた．しかし近年，状況変化が激しく，同様な状況での大量のデータが得られなくなってきた．また将来を専門家がシナリオ的に予測する重要性が強調され，したがって過去のデータの重要性が低下したと言える．よく用いられてきた統計的手法に代わって区間分析によるデータ解析が，ある状況においては有効であると思われる．

　区間データの例として，過去の株価の表示に1日単位，1週間単位，月単位による区間株価が用いられている．たとえば，1週間単位であれば，その週の最低株価と最高株価で区間株価を構成し，この区間ぐらいの変動の可能性をわかりやすく示している．図 1.1 に示されている日経 225 の区間株価は1日単位の株価変動を表している．このようなデータは種々あり，人口，公務員数，経営財務指数なども区間として考えることができる．

　また，与えられたデータが実数であっても，データを評価する方法が楽観的か悲観的かによって，評価値は区間として表現できる．すなわち，可能性を考

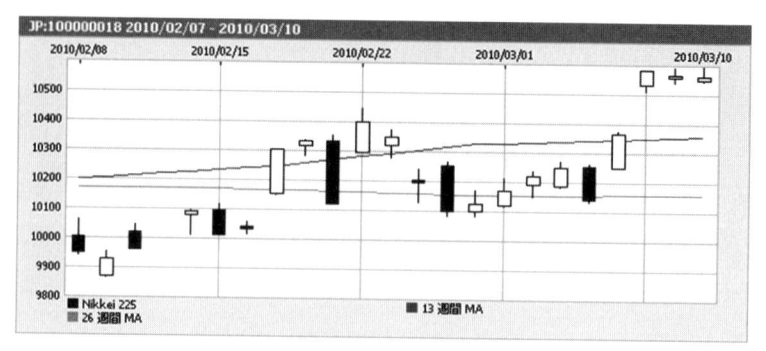

図1.1 日経225の区間株価の例

えるか必然性を考えるかによって異なった区間評価ができる。これは与えられた問題に含んでいる不確かさを区間として表現している。このような観点で，本書で取り扱う手法を以下に説明する。

第2章においては，区間の表現と区間演算を述べ，実数空間から区間空間に拡張して区間として取り扱う方法を提案している。たとえば，医療診断では検査値が問題でなく，その検査値がどの区間に含まれているかが重要である。たとえば糖尿病の検査（HbA1c）では，正常値は区間 [4.3, 5.8] の値であり，区間 [5.9, 7.2] の値であれば食事療法と運動，[7.3, 8.6] は最も軽い薬を投与するなど，患者の年齢と病院の基準によって異なるが，区間が治療にとって重要な意味を持っている。同じ区間の中であれば，どの実数でも同じであることを意味している。ラフ集合によるデータからの If Then ルールの抽出方法においても，実数空間を数個の区間に分割することが重要な要素になっている。

また区間確率は事象の生起の度合いについて，部分的無知さを表現するために考え出された。通常の確率の加法性（基本事象の確率の和が1となること）を考えると，無知さが表現できない。たとえば2つの事象を考え，事象の生起に関して完全無知とする。このとき，通常の確率ではあいまいさ最大（エントロピー最大）として2つの事象の確率は 0.5 と 0.5 と推定される。しかし，生起の証拠に関して完全無知であるにもかかわらず，なぜ半々の確率で事象が生

起するかを説明できない．区間確率では各々の事象の区間確率は区間 [0, 1] と推定される．すなわち，生起に関する知識がなければ，各々の事象の確率は完全にわからないので，[0, 1] のすべての値を取りうる．このように，事象の生起に関して，部分的に無知さがあれば，区間確率で表現するのが妥当である．この場合，通常の確率の加法性が成り立たない．区間確率を導入することにより，より現実的な状況のモデル化ができる．本書では，区間 AHP（意思決定の階層法）に区間確率が区間ウエイトの正規化として用いられている．確率が関与する問題はすべて区間確率に拡張して新しい問題として再構成でき，より現実的問題として考えることができる．この意味で，最近，区間確率の研究が盛んに行われている．

　第 3 章では，区間回帰分析を説明する．通常の回帰分析は大量のデータによって入出力関係を関数として説明することがなされている．すなわち，入出力関係の客観的説明モデルを得ることが通常の回帰分析の目的である．入出力関係を関数で近似するので，推定される関数とデータとの誤差を観測誤差とみなし，この観測誤差を平均 $\mu_X = 0$ で分散 σ_X^2 の正規分布 $N(0, \sigma_X^2)$ と仮定し，大量データから分散を推定している．すなわち，入出力関係のあいまいさを観測誤差に帰属させている．これに対して，区間回帰モデルは入出力関係はクリスプ（明確）な関係でなく，区間関係であると仮定している．すなわち，関数の係数がクリスプでなく区間であり，これがデータの散布の原因であると仮定している．この方法は大量のデータを必要としないので，意思決定者が模範としたいデータだけを用いて解析し，その結果を参考にして，意思決定ができる．区間回帰は入出力関係が区間で得られるので，この区間はすべて可能であると考えられ，意思決定者にとって，区間回帰は入出力関係の可能性を得ることができる．

　第 4 章では，区間 AHP について述べている．ここで AHP は Analytic Hierarchy Process の略語であり，これは階層法と訳されることもあるが，AHP のほうが一般的になりつつある．したがって，本書では区間 AHP と呼ぶことにする．この方法は個人の直感的な一対比較データから対象の重要度（ウエイ

ト）を求めるものである．たとえば，5つの大学から個人にとって最良の大学を選択する方法である．評価項目を ① 興味のある専門の良さ，② 就職の良さ，③ 通学の便利さ，という3つに絞り，評価項目の重要性を一対比較し 3×3 の一対比較行列のデータを個人の直感から得る．同様に，専門性の良さに関して5つの大学間での一対比較を行い，5×5 の一対比較行列を得る．この2つのデータを用いて，各大学の良さに関する線形評価を得ることができる．これらのデータは直感的な評価であり，矛盾した構造を持っている場合が多い．そうであるにもかかわらず，通常のAHPでは良さが実数値として得られる．また，仮定されているモデルにデータが適合しているかどうかを調べ，適合していなければ，一対比較値のデータを取り直すことが要求される．すなわち，仮定されたモデルがデータより重視されている．これに対して区間AHPでは，直感的データの矛盾を反映して評価項目の重要度が区間値として得られ，また項目に関する各大学の良さも区間値として得られる．区間AHPのほうが通常のAHPよりも現実的対応であると言える．すなわち，区間は矛盾，不確実性などを表している．

第5章ではDEA（包絡分析法）について述べている．これは公共事業，民間事業などの効率性を事業体の相互評価により求める手法である．評価対象の事業体が自己に都合が良いウエイトを選択できるが，このウエイトで他者の事業体を評価し，この事業体に負けている場合は効率的でないと言われる．評価対象の事業体にとって都合が良いウエイトで評価し，同じウエイトで他者の事業体に負けていなければ，この事業体は効率的であると言われる．このように，評価基準は1つではなく，各事業体毎に異なることになる．この概念は画期的であり，とくに公共の事業体の効率性が議論できる手法として，注目されている．事業体には種々の評価基準があるので，一律の基準で評価するという従来の手法は適さない場合がある．このような状況の評価問題にはDEAの手法が適していると言える．区間DEAでは，入出力データが区間値の場合の取り扱いを取り上げ，これについての区間評価を求める方法を説明している．得られた区間データの不確定性から，この区間データの中のどの実数値を取るかで評

価値が異なるので，すべての評価値を区間値として表示できる手法である．次に，通常の DEA では，楽観的評価値が定義されているが，評価対象の事業体に対して，都合の良い観点からの評価（楽観的評価，通常の DEA）と都合の悪い観点からの評価（悲観的評価）とが考えられる．この悲観的評価を得る手法は議論されていなかったので，本書の定式化がオリジナルである．以上の 2 つの評価から区間評価値が得られ，この区間値は対象の事業体の評価のすべての可能性を示している．このオリジナルの定式化は少し複雑であるので，一般の読者は発展編を飛ばすことも可能である．

第 6 章では，よく利用される第 3 章，第 4 章の問題を解くための Excel のソルバーを用いたソフト（別売）を作成したので，このソフトの使いかたを例題によって説明している．第 3 章，第 4 章の問題は線形計画法（LP）によって容易に解くことができる．しかし，データを入力する手間を省き，線形計画法（LP）を十分理解していない読者でも簡単に解が得られるソフトを提供している．統計のソフトと同じように，適正なデータがあれば，容易に問題を解くことができるので，問題の理解にも役立つ章である．第 5 章の区間 DEA も線形計画法（LP）問題として構成されているので，この問題も簡単に解くことができる．これについては，読者が自分で挑戦されることを勧めたい．

本書は応用を目指す読者を対象に書かれたものであり，わかりやすく書いたつもりである．もし理解できない箇所があれば，読者自身で考える習慣をつけていただきたい．それがより深い理解につながり，より興味を得られると思われる．

第2章

区間分析の数学的準備

　ここでは，数学的記号を説明し，次章以降で用いられる区間演算，区間確率，区間データの検索における可能性，必然性などについて説明する。通常のデータ解析では実数が取り扱われ，多量のデータを統計的手法を用いて分析している。これに対して区間分析手法はデータ数はそれほど必要とせず，データからの可能性を重視し，解析結果を区間として提示する方法である。区間の幅は解析結果のあいまいさを示し，意思決定者に結果のあいまいさを明確に提示できる手法であることが特徴である。過去の株価の表示によく用いられているように，たとえば月単位の株価はその月の最低株価と最高株価により区間株価として表示されている。このように，月平均株価より区間株価のほうが投資家にとってより多くの情報を提供できる。

　以上の観点から，区間データを取り扱うために，区間の加法，減法，乗法，除法などの区間演算を述べ，これらの演算が次章以後で用いられる。また，この本で用いられる記号を説明し，この本を容易に理解できるようにする。文献[1]には，区間演算が詳しく述べられ，また区間解析の応用も書かれている。柏木雅英による「区間解析と精度保証付き数値計算」の特集が日本知能情報ファジィ学会誌「知能と情報」Vol.15, No.2, 2003に掲載されている。

　区間確率は事象についての部分的無知さを表現するために考え出された。通常の確率は加法性を考えると無知さが表現できない。たとえば2つの事象を考え，事象に関して完全無知とする。このとき，通常の確率ではあいまいさ最大として2つの事象の確率は0.5と0.5と推定される。しかし，証拠に関して完全無知であるにもかかわらず，なぜ半々の確率で事象が生起するかを説明でき

ない．区間確率では各々の事象の区間確率は区間 [0, 1] と推定される．区間確率については文献 [2] [5] [6] に述べられている．

ラフ集合などで用いられる概念と同じく，区間値のデータの検索の方法には可能性と必然性が考えられる．これは区間出力による区間回帰の考えかたと類似している．これについては文献 [4] を参照されたい．

正確な実数値を特定することは困難な場合が多いので，すべての実数値はある程度の区間値と考えられる．実数値を拡張して区間値を想定するのは自然である．誤差論から区間値の議論が始まり，現実に想定される区間値を積極的に取り扱うという方向に進んでいるが，まだ数学的観点の議論が多い．今後，区間を可能性として捉える新しい研究が行われるであろう．

2.1 区間表示

区間を A_i と表示し，これを次のように表す．

$$A_i = (a_i, c_i) \tag{2.1}$$

ただし，a_i は中心であり，c_i は中心から端までの幅である．この表現を係数表現という．なぜならば，中心と幅という係数で区間が表現されているからである．

確率分布との対応として，区間 A_i は区間の値はどれも可能であると考え，可能性分布として次のように表現できる．

$$\Pi_{A_i}(x) = \begin{cases} 1; & \{x \mid a_i - c_i \leq x \leq a_i + c_i\} \\ 0; & \text{otherwise} \end{cases} \tag{2.2}$$

(2.2) 式は図 2.1 に表されている．ここで，区間の下端は $a_i - c_i$ であり，上端は $a_i + c_i$ である．A_i は区間のラベルであり，実体は (2.2) 式または図 2.1 である．区間を中心と幅で表す記述は第 3 章の区間回帰で用いられている．

区間の他の表現は [下端, 上端] である．たとえば，区間 $W = [\underline{w}, \overline{w}]$ と表現

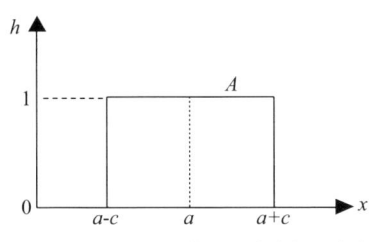

図 2.1　区間 A の可能性分布（中心, 幅）

すれば，区間の下端と上端で表されていることになる。これを区間型の表現という。この区間表現は第4章の区間 AHP で用いられている。これらの表現は同じ区間であるので，(2.1) 式の $A_i = (a_i, c_i)$ は $A_i = [a_i - c_i, a_i + c_i]$ と表現できる。2つの区間表現は取り扱う対象によってわかりやすいように使い分けられている。なお，（　）を係数型，[　] を区間型と呼ぶ。

2.2　区間演算

2つの区間 $A = (a, c)$，$B = (b, d)$ が係数型として与えられたとする。すなわち，これは区間型では $A = [a-c, a+c]$，$B = [b-d, b+d]$ という区間である。区間演算は通常の実数演算，たとえば $a * b$ を区間演算 $A * B$ に拡張したものである。拡張の原理はすべての可能性を計算することである。演算 $*$ としては四則演算（＋，－，×，÷）を考え，以後の章で必要最小限のものを説明する。

2.2.1　区間の加法

区間 $A = (a, c)$，$B = (b, d)$ の加法はすべての可能性から，次のように定義する。

$$Z = A + B = \{z \mid z = x + y, x \in A, y \in B\} \tag{2.3}$$

ただし，$\{z \mid$ 条件を満たす $z\}$ は集合であり，$x \in A$ は区間 A に含まれる x を取

ることを表している。(2.3) 式は $x \in A$, $y \in B$ に対して $z = x + y$ となるすべての可能性がある集合として Z が定義されていることを意味している。すなわち，Z は次のように表される。

$$Z = A + B = (a + b, c + d) \tag{2.4}$$

この区間の加法を図 2.2 に示す。ただし，$A = (4, 1)$，$B = (8, 2)$ であり，$A + B = (12, 3)$ である。

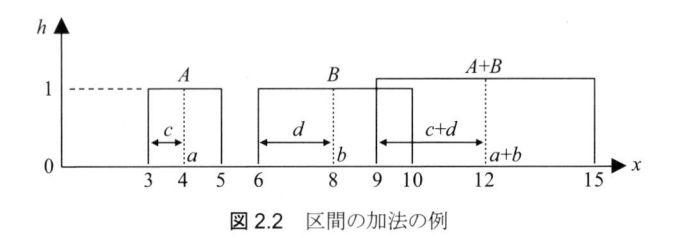

図 2.2 区間の加法の例

一般的に，区間 $A_i = (a_i, c_i)$ ($i = 1, \cdots, n$) とすれば，区間加法は次式になる。

$$A_1 + \cdots + A_n = (a_1, c_1) + \cdots + (a_n, c_n) = \left(\sum_i a_i, \sum_i c_i \right) \tag{2.5}$$

ただし，$\sum_i a_i = a_1 + \cdots + a_n$ である。

2.2.2 区間の減法

区間 $A = (a, b)$ と区間 $B = (c, d)$ の減法は，中心は減法であり，幅は加法として得られる。すなわち

$$A - B = (a, b) - (c, d) = (a - c, b + d) \tag{2.6}$$

となる。この係数演算 (2.6) 式は区間型の表現の [下端, 上端] から容易に理解できる。すなわち，区間型で A, B を表し，$A = [a - b, a + b]$，$B = [c - d, c + d]$

となる。ゆえに

$$\begin{aligned}A - B &= [a-b-(c+d), a+b-(c-d)] \\ &= [a-b-c-d, a+b+d-c] \\ &= (a-c, b+d)\end{aligned} \quad (2.7)$$

となり，係数型区間で計算されたものと区間型の区間で計算されたものが等しくなっている。

2.2.3 実数と区間との積

区間 A と実数 k との積，すなわち kA は次のように定義できる。

$$kA = \{y \mid y = kx, x \in A\} \quad (2.8)$$

ここで，区間 $A = (a, c)$ とすると，実数 k の正負により次の区間型表示になる。

$$kA = \begin{cases} [(a-c)k, (a+c)k]; & k \geq 0 \\ [(a+c)k, (a-c)k]; & k \leq 0 \end{cases} \quad (2.9)$$

区間 kA の区間型表現は k の符号に依存するが，係数の表現である $A = (a, c)$ を用いると，k の符号に依存しない表現で区間 kA が求められる。

$$kA = (ak, c|k|) \quad (2.10)$$

ただし，$|k|$ は絶対値記号であり，たとえば $|-2| = 2$ のようにつねに正になり，幅は正の値である。一般に

$$\sum_i k_i A_i = \left(\sum_i k_i a_i, \sum_i |k_i| c_i \right) \quad (2.11)$$

と表せる．k_i の正負にかかわらず，(2.11) 式として表現できるので，係数型の表現が便利な場合がある．区間回帰分析[3][4] の定式化に (2.11) 式が用いられている（第 3 章参照）．区間型の場合は (2.9) 式のように，k の符号によって，下端と上端を計算しなければならない．

2.2.4 区間の乗法

区間 $A = [a, b]$ と区間 $B = [c, d]$ との積は区間の下端，上端から次のように表せる．

$$A \cdot B = [\text{Min}\{ac, ad, bc, bd\}, \text{Max}\{ac, ad, bc, bd\}] \qquad (2.12)$$

区間 $A = [a, b]$ が正であることを $A \geq 0$ と表し，$0 \leq a \leq b$ を意味する．$A \geq 0$，$B \geq 0$ のとき，(2.12) 式は簡単になり，次のように表せる．

$$A \cdot B = [ac, bd] \qquad (2.13)$$

区間の端点が正であれば，乗法は下端の積と上端の積になる．係数表示の場合，区間を $A_1 = (a_1, c_1)$，$A_2 = (a_2, c_2)$ と表すと，2 つの区間が正のとき，積は

$$A \cdot B = (a_1 a_2 + c_1 c_2, a_1 c_2 + a_2 c_1) \qquad (2.14)$$

となり，これは中心と幅で表現されている．

2.2.5 区間の除法

一般的に区間 $A = [a, b]$ と区間 $B = [c, d]$ との除法は区間の下端，上端から次のように表せる．

$$\frac{A}{B} = \left[\text{Min} \left\{ \frac{a}{c}, \frac{a}{d}, \frac{b}{c}, \frac{b}{d} \right\}, \text{Max} \left\{ \frac{a}{c}, \frac{a}{d}, \frac{b}{c}, \frac{b}{d} \right\} \right] \qquad (2.15)$$

ただし、区間 B は 0 を含まない区間であるとする。区間 B が 0 を含むとすると、可能な区間が $-\infty$ と $+\infty$ を含んで 2 つの区間になる場合があり、複雑になるので、区間 B は 0 を含まないと仮定している。

(2.15) 式は区間乗法と同様に、すべての端点の組み合わせからすべての可能性を満たす区間として定義されている。区間 $A = [a, b]$ と区間 $B = [c, d]$ とが正であれば、(2.15) 式は次のように簡単になる。

$$\frac{A}{B} = \left[\frac{a}{d}, \frac{b}{c}\right] \tag{2.16}$$

区間が正のときの除法は第 4 章で用いられる。

2.2.6 区間の順序関係

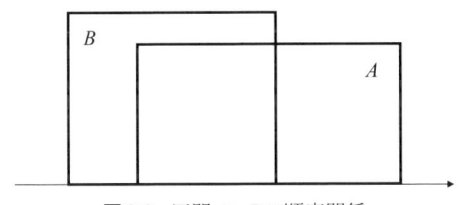

次に区間 A, B の順序関係（大小関係）の定義は種々考えられるが、ここでは最も実用的な観点から以下の定義を用いる[7]。$A = [a, b]$, $B = [c, d]$ とすると、$A \geq B$ を次のように定義する。

$$A \geq B \Leftrightarrow a \geq c, b \geq d \tag{2.17}$$

この定義は区間 A が区間 B より右側にあることになり、直感的に区間の順序関係が成り立っていることがわかる。この場合を図 2.3 に示す。

図2.3 区間 $A \geq B$ の順序関係

順序関係が成り立たない場合は $a \leq c$, $d \leq b$ または $c \leq a$, $b \leq d$ であり、このときは、A, B には順序関係がないことになる。実数のときには、すべて

の実数に大小関係があるので，全順序関係と呼ばれるが，区間には大小関係がない場合が存在するので，このときは半順序関係と呼ばれる。区間に大小関係がない例を図 2.4 に示す。区間の順序関係は種々定義できるが，(2.17) 式の定義が一般的であり，直感的に受容できるものと考えられる。

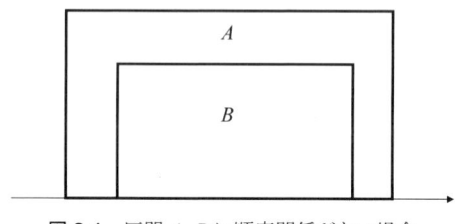

図 2.4 区間 A, B に順序関係がない場合

【数値例】 区間 $A = (8, 4) = [4, 12]$, $B = (-2, 1) = [-3, -1]$ とする。ただし，区間 $B = [-3, -1]$ は 0 を含まない。

① $A + B = (8 - 2, 4 + 1) = (6, 5) = [1, 11]$
② $A - B = (8 + 2, 4 + 1) = (10, 5) = [5, 15]$
③ $(-3) \times A = (-3) \times (8, 4) = (-24, |-3| \times 4) = (-24, 12)$
④ $A \times B = [12 \times (-3), 4 \times (-1)] = [-36, -4]$
⑤ $\dfrac{A}{B} = \left[\dfrac{12}{-1}, \dfrac{4}{-3} \right] = \left[-12, \dfrac{-4}{3} \right]$
⑥ $A \geq B$ である。もし $B = [6, 10]$ ならば A, B に大小関係は存在しない。

2.3 区間確率

通常の確率は基本事象の確率の合計が 1 となるように構成されている。これを確率の加法性という。基本事象の確率が明確でないときでも，この確率を 0.4 とか 0.3 というように推定しなければならない。ここでは，基本事象の確率を明確に定義できないとき，この確率を区間とし，たとえば区間確率

$W = [0.3, 0.5]$ として取り扱う新しい方法について述べる。区間確率の研究は比較的新しい分野であるが，最近活発に研究されている分野である [2][4]～[6]。

通常の確率では，事象の生起のあいまいさを取り扱っているが，事象に関する無知さを表現できない。たとえば，事象 A_1 = 骨董品が本物，事象 A_2 = 骨董品が贋物，という2つの事象を考える。骨董品について知識がなく，無知な人であるとする。このとき，通常の確率では，あいまいさを最大にするという観点（エントロピー最大）から事象の確率を $p(A_1) = 0.5$，$p(A_2) = 0.5$ と推定することになる。しかし骨董品に関する知識がまったくない無知な場合でも，{本物，贋物} が半々に生起するという知識がなぜ導出されるかが説明できない。このような無知さを表現するために，区間確率が考えられた。完全無知な場合，A_1，A_2 の区間確率は $W_1 = [0, 1]$，$W_2 = [0, 1]$ と推定するほうが合理的である。

区間確率の定義を以下に示す。

《定義》 区間 $W_1 = [\underline{w_1}, \overline{w_1}], \cdots, W_n = [\underline{w_n}, \overline{w_n}]$ が次の条件を満たすとき，この区間を区間確率という。

① $\underline{w_i} \leq \overline{w_i}$ for $i = 1, \cdots, n$
② $\underline{w_1} + \cdots + \underline{w_{i-1}} + \underline{w_{i+1}} + \cdots + \underline{w_n} + \overline{w_i} \leq 1$ for $i = 1, \cdots, n$ (2.18)
③ $\overline{w_1} + \cdots + \overline{w_{i-1}} + \overline{w_{i+1}} + \cdots + \overline{w_n} + \underline{w_i} \geq 1$ for $i = 1, \cdots, n$

【数値例1】 $W_1 = [0.3, 0.6]$，$W_2 = [0.2, 0.4]$，$W_3 = [0.1, 0.2]$ は区間確率ではない。なぜならば W_1 から 0.3 を取ると，事象 2，3 の上端確率 $\overline{w_2}$，$\overline{w_3}$ を取っても合計が 0.9 となり，確率の性質を満たさない。すなわち，(2.18) 式の③を満たさないので，区間確率ではない。W_1 を $W_1' = [0.5, 0.6]$ に変更すると，W_1'，W_2，W_3 は定義の3つの条件を満たすので，区間確率になる。

【数値例2】 $W_1 = [0.3, 0.6]$，$W_2 = [0.5, 0.6]$，$W_3 = [0.1, 0.3]$ は区間確率ではない。なぜならば，W_1 から 0.6 を取ると，W_2，W_3 から区間の下端を取っても

16

合計が 1 以上になり，確率の性質を満たさないからである．すなわち，(2.18) 式の ② の条件を満たさないので区間確率ではない．W_1, W_3 を $W_1' = [0.3, 0.4]$，$W_3' = [0.1, 0.2]$ に変更すると W_1', W_2, W_3' は定義の 3 つの条件を満たし，区間確率になる．区間確率でない W_1, W_2, W_3 を区間確率に変更する組み合わせは種々考えられる．区間確率を得る方法は文献 [7] に示されている．

以上の数値例から区間確率の定義は次のことを意味している．すなわち，任意の $w_i \in W_i$ $(i = 1, \cdots, n)$ に対して，合計が 1 となる組み合わせ $\{w_1, \cdots, w_{i-1}, w_{i+1}, \cdots, w_n\}$ が存在すれば，$\{W_1, \cdots, W_n\}$ は区間確率である．ただし，$w_i \in W_i$ であり，この記号は w_i が区間 W_i の要素であることを表している．

〔性質 1〕 2 つの事象しかない場合，2 つの区間確率を $[\underline{w_1}, \overline{w_1}]$，$[\underline{w_2}, \overline{w_2}]$ とすると，区間確率の定義から次の等式が成り立つ．

$$\underline{w_1} + \overline{w_2} = 1, \quad \overline{w_1} + \underline{w_2} = 1 \tag{2.19}$$

〔性質 2〕 n 個の事象があり，完全無知な状況にあると仮定する．このとき，前述の骨董品の真偽の例と同様に，完全無知の事象の区間確率は次のように推定できる．

$$W_1 = [0, 1], \cdots, W_n = [0, 1] \tag{2.20}$$

(2.20) 式の区間は区間確率の定義を満足していることは容易にわかる．

2.4 区間データの検索

ここでは，区間データの区間検索の 2 つの方法を，可能性と必然性を用いて紹介する．この概念はラフ集合でもよく用いられている．不完全データである区間値のデータベースの例を表 2.1 に示す．この表においては，年齢が区間値

で与えられている。たとえば b の人は大学 2 回生〜4 回生であるという証拠があるとし，これを区間データとしている。このデータベースから 20 歳から 25 歳の人を検索することを考える。区間検索項目を $Q = [20, 25]$ と表し，2 通りの検索ができることを説明する。可能性検索と必然性検索[3] を定義する。可能性検索を「上からの近似」といい，これを $A^*(Q)$ で表す。また，必然性検索を「下からの近似」といい，これを $A_*(Q)$ で表す。このとき，次の 2 つの定義ができる。

表 2.1 年齢に対する区間データベース

名前	a	b	c	d	e
年齢	$X_a = [23, 26]$	$X_b = [20, 22]$	$X_c = [30, 36]$	$X_d = [20, 23]$	$X_e = [27, 31]$

《可能性検索の定義》

$$A^*(Q) = \{i \mid X_i \cap Q \neq \phi\} = \{a, b, d\} \tag{2.21}$$

《必然性検索の定義》

$$A_*(Q) = \{i \mid X_i \subseteq Q\} = \{b, d\} \tag{2.22}$$

ただし，$X_i \cap Q \neq \phi$ は区間 X_i と区間 Q が交わっていることを表し，包含関係 $X_i \subseteq Q$ は区間 Q の中に区間 X_i があることを表している。このように，可能性と必然性の 2 つの検索方法が考えられる。すなわち，データがあいまいさを持つ区間であり，また検索項目が区間であるというあいまいな状況では，可能性と必然性の観点が存在する。病気を特定するときに，この概念はしばしば用いられている。たとえば，癌の可能性があるという場合と，病理検査から必然的に癌であるという場合である。

データベースから IF Then ルールを導くラフ集合アプローチでもこの概念が用いられている。データベースから知識を得る方法としてラフ集合が脚光を浴びている。これについては文献 [8] を推奨したい。

上述の表 2.1 の例からわかるように次の 2 つの関係が成り立つ。この事実を表の例から理解できる。

① $A_*(Q) \subseteq A^*(Q)$ (2.23)
② $A_*(Q) = U - A^*(Q^c) = \{a,b,c,d,e\} - \{a,c,e\} = \{b,d\}$ (2.24)

ここで，U は全体集合で，この例では $\{a,b,c,d,e\}$ であり，Q^c は Q の補集合であり，− は差集合を求める差の演算を表している。(2.24) 式は可能性と必然性の双対関係と呼ばれている。「Q の必然性 $= Q$ でない可能性はない」という文章から理解できるように，必然性は可能性の 2 つの否定から定義できる[3]。ただし，否定は補集合と差集合という異なった否定的な演算である。また逆の関係も次のように成り立つ。

③ $A^*(Q) = U - A_*(Q^c) = \{a,b,c,d,e\} - \{c,e\} = \{a,b,d\}$ (2.25)

すなわち，「Q の可能性 $= Q$ でない必然性はない」という文章から理解できるように，可能性は必然性の 2 つの否定から定義できる。この関係は ∃（存在記号）と ∀（任意記号）の関係と同じ概念であり，この関係は双対関係と呼ばれている[3]。

参考文献

[1] Ramon E. Moore: Methods and Applications of Interval Analysis, *SIAM*, Philadelphia, 1979.
[2] K. Weichselberger and S. Pohlmann: A Methodology for Uncertainty in Knowledge-Based System, Lecture Note in Artificial Intelligence, Springer-Verlag, 1990.
[3] 田中英夫：ファジィモデリングとその応用，システム制御情報学会編，朝倉書店，1990.
[4] 田中・杉原：ラフ近似による双対的数理モデル，日本ファジィ学会誌（現：日本知能情報ファジィ学会誌），Vol.13，No.6，pp.592–599，2001.
[5] 前田・田中：区間密度関数による非加法的確率測度，日本ファジィ学会誌（現：日本知能情報ファジィ学会誌），Vol.11，No.4，pp.667–676，1999.
[6] H. Tanaka, K.Sugihara and Y. Maeda: Non-additive measures by interval probability function, *Information Sciences*, Vol.164, pp.209–227, 2004.
[7] H. Tanaka and T. Entani: Properties of evidences based on interval probabilities obtained by pairwise comparisons in AHP, *Proceedings of Taiwan-Japan Symposium on Fuzzy Systems and Innovational Computing*, pp.35–40, Kitakyushu, Waseda Univ. August 18–22, 2006.
[8] 森・田中・井上編：ラフ集合と感性，海文堂出版，2004.

第3章

区間回帰分析

　回帰分析とは，いくつかの入力変量 $x_1,\cdots,x_n$ と出力変量 y が与えられ，このデータから入出力関係を表す回帰式を求め，この式により，ある入力値が与えられたときに，その出力値を予測することができる方法である．通常の回帰分析は確率モデルによっている．すなわち，与えられた出力値と回帰式から得られる推定出力値の差は観測誤差と見なし，この誤差は正規分布に従うという仮定のもとに回帰分析がなされている [1]．

　ここでは，可能性線形モデルによる区間回帰分析を説明する．回帰式の係数をファジィ数としたファジィ回帰分析 [2][3] を1982年に発表し，ファジィ回帰分析に関する論文がすでに500編以上発表されている．しかし，現実の応用に適用された例が少ないので，ファジィ数を区間とした，より単純なバージョンである区間回帰 [4] を発表した．ファジィ回帰より区間回帰のほうがわかりやすいので，しだいに応用統計学会のほうにも知られるようになった．2006年に，1885年に設立された国際統計協会（ISI：International Statistical Institute）から招待講演の依頼を受け，2007年に講演論文 [5] を発表した．

　ここで述べる可能性回帰は，与えられたデータはすべて可能性があると考え，すべてのデータを包むような区間モデルを求めることである．与えられたデータが通常の実数値の場合と，入力値は実数であるが出力は区間値の場合を分けて述べる．出力が区間値で与えられる例は，1ヵ月の円のレートの最小値と最大値を区間として取り扱う場合である．実際，株価などの過去の値は区間値で表現されている．

　本章に述べる内容は文献 [6] [7] からの抜粋であるので，詳しく知りたい方は

これらの文献を参照することを薦める。

3.1 統計的回帰分析

区間回帰と統計的回帰の違いを示すために，統計的回帰の概念を説明する。すなわち，モデルに導入された観測誤差がどのように伝播し，予測値および推定係数が確率変数になり，これらがどのように表現されるかを示す。したがって，数式の誘導に関しては通常の回帰分析の本を参照されたい。ただし，統計的回帰分析から得られる予測値の形式と，3.2 節で述べる区間回帰分析から得られる区間予測の対比を考慮されたい。

n 個の入力変数を $x_1, \cdots, x_n$ と表し，出力を y とする。m 個の観測データは次のように書ける。

$$(y_j, x_{j1}, \cdots, x_{jn}) = (y_j, \boldsymbol{x}_j), \quad j = 1, \cdots, m$$

ただし，j 番目の入力ベクトルは $\boldsymbol{x}_j = [x_{j1}, \cdots, x_{jn}]$ である。また，ベクトル $\boldsymbol{x}_j^t$ は $\boldsymbol{x}_j$ の転置である。モデルに常数項を入れる場合には，$\boldsymbol{x}_1 = [x_{11}, x_{21}, \cdots, x_{n1}] = [1, 1, \cdots, 1]^t$ とする。

回帰モデルを次式であると仮定する。

$$y_j = \beta_1 x_{j1} + \cdots + \beta_n x_{jn} + \varepsilon_j, \quad j = 1, \cdots, m \tag{3.1}$$

ただし，$\beta_i\ (i = 1, \cdots, n)$ は真の回帰係数であり，$\varepsilon_j\ (j = 1, \cdots, m)$ は誤差である。

(3.1) 式は行列とベクトルを用いると次式のように表すことができる。

$$\boldsymbol{y} = \boldsymbol{X}\boldsymbol{\beta} + \boldsymbol{\varepsilon} \tag{3.2}$$

ただし，m 個の出力は $\boldsymbol{y} = [y_1, \cdots, y_m]^t$，$n$ 個の係数は $\boldsymbol{\beta} = [\beta_1, \cdots, \beta_n]^t$，$m$ 個の誤差は $\boldsymbol{\varepsilon} = [\varepsilon_1, \cdots, \varepsilon_m]^t$ のようなベクトルで表現でき，m 個の入力ベクトルから次の行列として入力値を表すことができる。

$$X = \begin{bmatrix} x_{11} & \cdots & x_{1n} \\ \vdots & \ddots & \vdots \\ x_{m1} & \cdots & x_{mn} \end{bmatrix} \tag{3.3}$$

最小2乗法により，誤差の2乗和，すなわち $\sum_{j=1}^{m} \varepsilon_j^2$ を最小にする係数ベクトル $\boldsymbol{\beta}^*$ を求める問題になる．すなわち，次の問題になる．

$$\min_{\beta} (\boldsymbol{y} - \boldsymbol{X}\boldsymbol{\beta})^t (\boldsymbol{y} - \boldsymbol{X}\boldsymbol{\beta}) \tag{3.4}$$

(3.4) 式の最適化問題を解くことにより，誤差の2乗和を最小にする係数ベクトルは次式になる．

$$\boldsymbol{\beta}^* = (\boldsymbol{X}^t \boldsymbol{X})^{-1} \boldsymbol{X}^t \boldsymbol{y} \tag{3.5}$$

(3.2) 式に行列 $(\boldsymbol{X}^t \boldsymbol{X})^{-1} \boldsymbol{X}^t$ を左から掛け，(3.5) 式を代入すれば

$$\boldsymbol{\beta}^* = \boldsymbol{\beta} + (\boldsymbol{X}^t \boldsymbol{X})^{-1} \boldsymbol{X}^t \boldsymbol{\varepsilon} \tag{3.6}$$

となる．最適な推定係数 $\boldsymbol{\beta}^*$ は真の係数 $\boldsymbol{\beta}$ と誤差 $\boldsymbol{\varepsilon}$ で表現されている．$\boldsymbol{\varepsilon}$ は確率変数で，その平均と分散は次式であると仮定されている．

$$E(\boldsymbol{\varepsilon}) = \boldsymbol{0}, \quad V(\boldsymbol{\varepsilon}) = \sigma^2 \boldsymbol{I} \tag{3.7}$$

ただし，$E(\boldsymbol{\varepsilon})$ は平均でゼロベクトル，$V(\boldsymbol{\varepsilon})$ は共分散行列であり，$\boldsymbol{I}$ は単位行列，σ^2 は分散である．$\boldsymbol{\varepsilon}$ は確率変数であるので，(3.6) 式の $\boldsymbol{\beta}^*$ は確率変数になる．したがって，(3.6) 式の平均を取り，これに (3.7) 式の関係を代入すれば，次のようになる．

$$E(\boldsymbol{\beta}^*) = E(\boldsymbol{\beta}) + (\boldsymbol{X}^t \boldsymbol{X})^{-1} \boldsymbol{X}^t E(\boldsymbol{\varepsilon}) = \boldsymbol{\beta} \tag{3.8}$$

すなわち，最適な推定値 $\boldsymbol{\beta}^*$ の平均は真の係数ベクトルになる。また (3.8) 式は $\boldsymbol{\beta}^*$ が線形不偏推定であることを示し，また $\boldsymbol{\beta}^*$ の共分散行列は (3.6) 式から

$$V(\boldsymbol{\beta}^*) = E\left((\boldsymbol{\beta}^* - \boldsymbol{\beta})(\boldsymbol{\beta}^* - \boldsymbol{\beta})^t\right) = \sigma^2(X^t X)^{-1} \tag{3.9}$$

となる。$\boldsymbol{\beta}^*$ は (3.8) 式, (3.9) 式から最適線形不偏推定 (BLUE : Best Linear Unbiased Estimator) と言われる。これは任意の $\boldsymbol{\beta}'$ に対してつねに $V(\boldsymbol{\beta}^*) \leq V(\boldsymbol{\beta}')$ となるからである。$\boldsymbol{\beta}^*$ は確率変数であり，$(E(\boldsymbol{\beta}^*), V(\boldsymbol{\beta}^*)) = (\boldsymbol{\beta}, \sigma^2(X^t X)^{-1})$ として表現できる。

新しい入力ベクトル $\boldsymbol{x}_0$ が与えられると，この入力に対する出力 y_0 は次式で推定される。

$$y_0 = \boldsymbol{x}_0^t \boldsymbol{\beta}^* + \varepsilon \tag{3.10}$$

ここで y^* を入力 $\boldsymbol{x}_0$ に対する真の出力，すなわち $y^* = \boldsymbol{x}_0^t \boldsymbol{\beta}$ とする。このとき，y_0 と y^* の差は次のように書ける。

$$y_0 - y^* = \boldsymbol{x}_0^t (\boldsymbol{\beta}^* - \boldsymbol{\beta}) + \varepsilon \tag{3.11}$$

(3.7) 式と (3.8) 式から，次式を得る。

$$E(y_0 - y^*) = 0 \tag{3.12}$$
$$V(y_0 - y^*) = \sigma^2(\boldsymbol{x}_0^t (X^t X)^{-1} \boldsymbol{x}_0^t + 1) \tag{3.13}$$

分散 σ^2 の推定 s^2 はよく知られているように，次式で表現できる。

$$s^2 = \frac{\boldsymbol{\varepsilon}^t \boldsymbol{\varepsilon}}{m - n} \tag{3.14}$$

ただし，m, n はデータ数と入力変数の数である。推定係数 $\boldsymbol{\beta}^*$ と推定出力 y_0 は確率変数であり，これらの（平均，分散）は次のようになる。

$$(E(\boldsymbol{\beta}^*), V(\boldsymbol{\beta}^*)) = (\boldsymbol{\beta}, s^2(X^tX)^{-1}) \tag{3.15}$$
$$(E(y_0), V(y_0)) = (\boldsymbol{x}_0^t\boldsymbol{\beta}, s^2 X_0^t(X^tX)^{-1}\boldsymbol{x}_0 + 1) \tag{3.16}$$

もし ε の分布が正規分布 $N(0, \sigma^2)$ ならば，(3.15) 式，(3.16) 式は次のように書くことができる．

$$\boldsymbol{\beta}^* \sim N(\boldsymbol{\beta}, s^2(X^tX)^{-1}) \tag{3.17}$$
$$y_0 \sim N(\boldsymbol{x}_0^t\boldsymbol{\beta}, s^2(X^tX)^{-1}\boldsymbol{x}_0 + 1) \tag{3.18}$$

ただし σ^2 の推定として (3.14) 式の s^2 が用いられている．$x \sim N(E(x), V(x))$ は x が平均 $E(x)$，分散 $V(x)$ の正規分布に従う確率変数であることを示している．

よく知られているように，(3.17) 式，(3.18) 式の関係から，$\boldsymbol{\beta}$ の信頼領域，y_0 の信頼区間を推定できる．したがって統計的回帰分析の結果も区間係数と区間出力として表現できる．

3.2 区間回帰 — 実数値データの場合

最初に，理解しやすいように，1 入力，1 出力の区間回帰を説明する．与えられた m 個のデータを (y_j, x_j)，$j = 1, \cdots, m$ と表し，出力を y_j，入力を x_j とする．このとき区間回帰モデルは区間係数により，次のように仮定する．

$$Y_j = A_0 + A_1 x_j \tag{3.19}$$

ただし，区間係数 A_0, A_1 は $A_i = (a_i, c_i)$，$i = 0, 1$ と表し，a_i は区間の中心であり，c_i は中心から端までの幅である．$c_i \geq 0$ を簡単に幅と呼ぶ．出力 Y_j は (3.19) 式の区間演算により区間になる．第 2 章の区間演算を用いて Y_j を計算すると次のようになる．

$$Y_j = (a_0, c_0) + (a_1, c_1)x_j$$
$$= (a_0, c_0) + (a_1 x_j, c_1|x_j|)$$
$$= (a_0 + a_1 x_j, c_0 + c_1|x_j|) \tag{3.20}$$

Y_j の中心は $a_0 + a_1 x_j$ であり，幅は $c_0 + c_1|x_j|$ となる．

区間回帰分析を定式化するために，可能性の観点から次の2つの条件を仮定する．

① 与えられた入力 y_j は推定区間 Y_j に含まれているとする．すなわち $y_j \in Y_j$ という条件を満たすことを要請する．
② j 番目の推定区間 Y_j の幅は $c_0 + c_1|x_j|$ であり，この幅が小さいほど，良い区間推定であると言える．したがって，与えられたデータに対する区間モデルの良さは，次の評価関数値が最小になる区間係数のモデルであると仮定する．

$$J = \sum_{j=1}^{m}(c_0 + c_1|x_j|) \tag{3.21}$$

上述の第1の仮定，すなわち $y_j \in Y_j$ は，次の拘束条件として書き直すことができる．

$$y_j \geq a_0 + a_1 x_j - c_0 - c_1|x_j|$$
$$y_j \leq a_0 + a_1 x_j + c_0 + c_1|x_j| \tag{3.22}$$

このことから，与えられたデータ (y_j, x_j)，$j = 1, \cdots, m$ を用いて区間モデルを求める問題は，次の線形計画（LP：Linear Programming）問題になる．

$$\min J = \sum_{j=1}^{m}(c_0 + c_1|x_j|) \tag{3.23}$$
$$\text{s.t.} \quad y_j \geq a_0 + a_1 x_j - c_0 - c_1|x_j|$$

$$y_j \leq a_1 + a_2 x_j + c_1 + c_2|x_j|$$
$$c_1 \geq 0, \quad c_2 \geq 0$$

(3.23) 式の線形計画問題は線形計画のソフトを用いれば簡単に解けるので，区間係数 $A_0 = (a_0, c_0)$, $A_1 = (a_1, c_1)$ は容易に得られ，最適な区間モデルが得られる。

区間回帰を説明するために，表 3.1 のデータの例を考える。ここでは入力は市の人口であり，出力は市の公務員数である。すなわち，公務員数を人口で説明する区間モデルを考察する。ただし，実際の場合は入力として人口，面積，税収などがあるが，ここでは説明を簡単にするために，入力を人口だけに限定している。(3.23) 式の線形計画問題を解くと，次の区間モデルを得る。

$$Y = (-0.50, 0) + (1.05, 0.289)x \tag{3.24}$$

表 3.1　公務員数 (y) と市の人口 (x)

都市	市の人口 $x \times 10000$ (人)	公務員数 $y \times 100$ (人)
1	12.1729	15.81
2	6.8148	8.63
3	8.0972	9.13
4	6.7349	6.42
5	5.9213	5.37
6	14.2226	14.07
7	7.4398	5.36
8	17.6575	19.14
9	5.2289	4.9
10	6.6917	6.07
11	10.1538	7.23
12	6.2614	5.35
13	13.5929	11.14

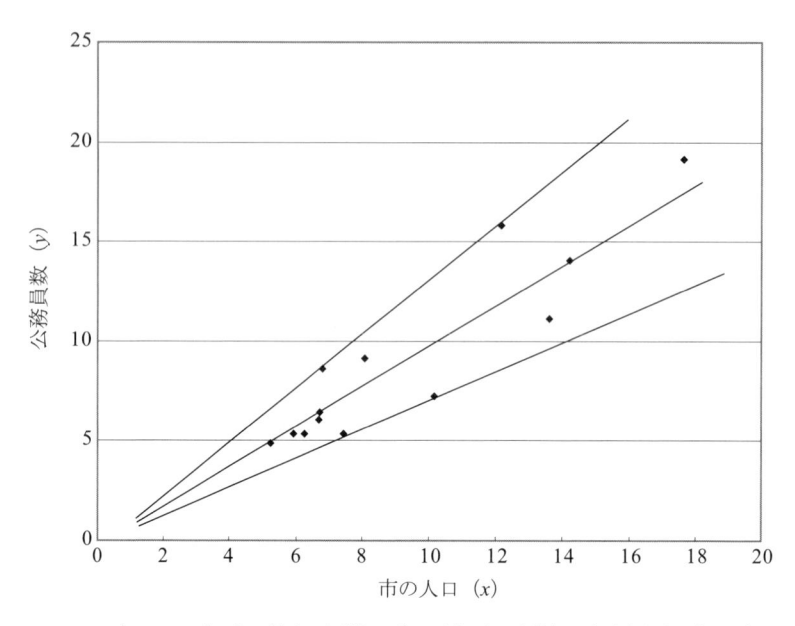

図 3.1 表 3.1 のデータに対する区間モデル（上下の直線），与えられたデータ点および真ん中の直線が通常の回帰直線

与えられたデータ点と (3.24) 式の区間モデルを図 3.1 に示す。図 3.1 の区間モデルから，すべてのデータは区間モデルに含まれていることがわかる。すなわち，与えられたデータはすべて可能性があると考えられている。このために，このモデルは可能性モデルと呼ばれている。統計的回帰のように，はずれ値という概念はない。図 3.1 の真ん中の直線は最小 2 乗法による統計的回帰直線であり，これは次式である。

$$y = -0.942 + 1.082x \tag{3.25}$$

(3.25) 式から離れている市のデータははずれ値とみなされ，負のイメージを受けることが多い。(3.25) 式は与えられたデータによる入出力関係を示しているだけであるのに，(3.25) 式から離れた市の公務員数は妥当でないように考えられがちである。それゆえに，統計的回帰より入出力関係を区間関係とした区

間回帰のほうがより現実的な解析になる場合が多いと考えられる．統計的回帰は大多数のサンプルに対する入出力関係の客観的説明として優れているが，区間回帰は意思決定の手法として考えられる．たとえば，この数値例では，A市の公務員数を決める問題とする．このとき，A市にとって，見習うべき市だけを選び，選ばれた市のデータだけで区間モデルを構成し，このモデルにA市の人口を入れて区間公務員数を推定できる．このような手順を踏むと，サンプル数が少なくなり，統計的回帰より区間回帰がより好ましくなる．というのは統計的回帰は大多数のサンプルを必要とするが，区間回帰は比較的少ないサンプル数でも意味があるからである．3.1節で述べたように，統計的回帰では誤差の分散を推定するために，大多数のサンプルを必要とする．

一般的に n 個の入力があるときの区間モデルは次のようになる．

$$Y = A_1 x_1 + \cdots + A_n x_n = \boldsymbol{A}\boldsymbol{x} \tag{3.26}$$

ただし x_i は i 番目の入力変数であり，区間係数 A_i は中心と幅で $A_i = (a_i, c_i)$ と表し，Y は推定区間出力であり，$\boldsymbol{x} = [x_1, \cdots, x_n]^t$ は入力ベクトル，$\boldsymbol{A} = [A_1, \cdots, A_n]^t$ は区間係数ベクトルである．

(3.26)式の区間出力は第2章の区間演算から次のように書ける．

$$Y(\boldsymbol{x}) = (\boldsymbol{a}^t \boldsymbol{x}, \boldsymbol{c}^t |\boldsymbol{x}|) \tag{3.27}$$

ただし，$\boldsymbol{a}^t \boldsymbol{x} = \sum_{i=1}^{n} a_i x_i$，$\boldsymbol{c}^t |\boldsymbol{x}| = \sum_{i=1}^{n} c_i |x_i|$，$\boldsymbol{a} = [a_1, \cdots, a_n]^t$，$\boldsymbol{c} = [c_1, \cdots, c_n]^t$，$|\boldsymbol{x}| = [|x_1|, \cdots, |x_n|]^t$ である．

(3.26)式の区間係数を求めるために，前述と同様に以下のことを仮定する．

① m 個のデータを $(y_j, \boldsymbol{x}_j)$，$j = 1, \cdots, m$ と表現し，$\boldsymbol{x}_j = [x_{j1}, \cdots, x_{jn}]$ で入力の個数は n 個である．

② 区間モデルを (3.26) 式とする．

③ 与えられた出力 y_j は入力 $\boldsymbol{x}_j$ に対する推定区間出力

$$Y(\boldsymbol{x}_j) = (\boldsymbol{a}^t \boldsymbol{x}_j, \boldsymbol{c}^t |\boldsymbol{x}_j|)$$

に含まれることを要請する。すなわち，次式が満足されると仮定する。

$$\boldsymbol{a}^t \boldsymbol{x}_j - \boldsymbol{c}^t |\boldsymbol{x}_j| \leq y_j \leq \boldsymbol{a}^t \boldsymbol{x}_j + \boldsymbol{c}^t |\boldsymbol{x}_j| \tag{3.28}$$

④ 推定区間出力の幅の合計が少ないほど，良い区間モデルであると考える。すなわち，次式の評価関数を最小にする区間係数を求めることになる。

$$J = \sum_{j=1}^{m} \boldsymbol{c}^t |\boldsymbol{x}_j| = \sum_{j=1}^{m} c_1 |x_{j1}| + c_2 |x_{j2}| + \cdots + c_n |x_{jn}| \tag{3.29}$$

区間回帰は (3.28) 式の拘束条件のもとに，(3.29) 式の評価関数を最小にする区間係数 A_i, $i = 1, \cdots, n$ を求める最適化問題になる。すなわち，次の線形計画問題になる。

$$\begin{aligned} \min_{a,c} J &= \sum_{j=1}^{m} \boldsymbol{c}^t |\boldsymbol{x}_j| \\ \text{s.t.} \quad &\boldsymbol{a}^t \boldsymbol{x}_j - \boldsymbol{c}^t |\boldsymbol{x}_j| \leq y_j \leq \boldsymbol{a}^t \boldsymbol{x}_j + \boldsymbol{c}^t |\boldsymbol{x}_j|, \quad j = 1, \cdots, m \\ &\boldsymbol{c} \geq \boldsymbol{0} \end{aligned} \tag{3.30}$$

区間回帰は線形計画問題（3.30 式）として定式化できるので，区間係数に関する他の拘束条件を導入できる。たとえば，入力 x_i と出力 y_i に正の相関があるならば，区間係数 A_i を正に拘束できるので，これは有利な手法である。一般的に，区間係数 A_i に関して専門家の漠然とした知識があり，区間係数 A_i は区間 $B_i = (b_i, d_i)$ の中にあるべきだという知識があるとする。このとき A_i は区間 B_i の中に限定して求めることができる。すなわち，次の拘束条件を付け加えることになる。

$$A_i \subset B_i \Leftrightarrow b_i - d_i \leq a_i - c_i,\ b_i + d_i \geq a_i + c_i \tag{3.31}$$

区間係数 A_i は専門家の知識である区間 B_i に拘束されるので，得られた区間回帰モデルは受容しやすいものと考えられる。

区間回帰によるプレハブ住宅の価額モデルを考える。

❏ プレハブ住宅価額モデル

プレハブ住宅メーカーのカタログ（1978 年）から表 3.2 のデータを得た。

- 入力データ：x_1 = 材質の良さ，x_2 = 1 階床面積 (m^2)，x_3 = 2 階床面積 (m^2)，x_4 = 総室数。ただし，材質は，1 = 低級，2 = 中級，3 = 高級である。
- 出力データ：y = 販売価額 ($\times 10^4$円)

表 3.2 プレハブ住宅価額モデルのデータ

サンプル	x_1	x_2	x_3	x_4	y
1	1	38.09	36.43	5	606
2	1	62.1	25.5	6	710
3	1	63.76	44.71	7	808
4	1	74.52	38.09	8	826
5	1	75.38	41.1	7	865
6	2	52.99	26.49	4	852
7	2	62.93	26.49	5	917
8	2	72.04	33.12	6	1031
9	2	76.12	43.06	7	1092
10	2	90.26	42.64	7	1203
11	3	85.7	31.33	6	1394
12	3	95.27	27.64	6	1420
13	3	105.98	27.64	6	1601
14	3	79.25	66.81	6	1632
15	3	120.5	32.25	6	1699

区間回帰モデルは次式とする。

$$Y = A_0 + A_1 x_1 + A_2 x_2 + A_3 x_3 + A_4 x_4 \tag{3.32}$$

すべての区間係数は正と仮定できるので，線形計画問題（3.30 式）に $\boldsymbol{a} \geq \boldsymbol{0}$，$\boldsymbol{a} - \boldsymbol{c} \geq \boldsymbol{0}$ という拘束条件を追加する。区間係数 A はすべて正であると仮定している。これは入力 x が増加すれば，当然出力 y も増加するという関係を示している。したがって，追加された拘束条件は妥当であることがわかる。追加の拘束条件を導入した線形計画問題（3.30 式）を解き，得られた区間回帰モデルは次のようになった。

$$Y = (245.167, 37.634)x_1 + (5.853, 0)x_2 + (4.786, 0)x_3 \tag{3.33}$$

ただし，A_0，A_4 は中心と幅がすべてゼロである。幅は材質の係数だけになっている。

得られたモデル（3.33 式）から，各サンプルの推定区間と与えられた出力，すなわち価額を図 3.2 に示す。

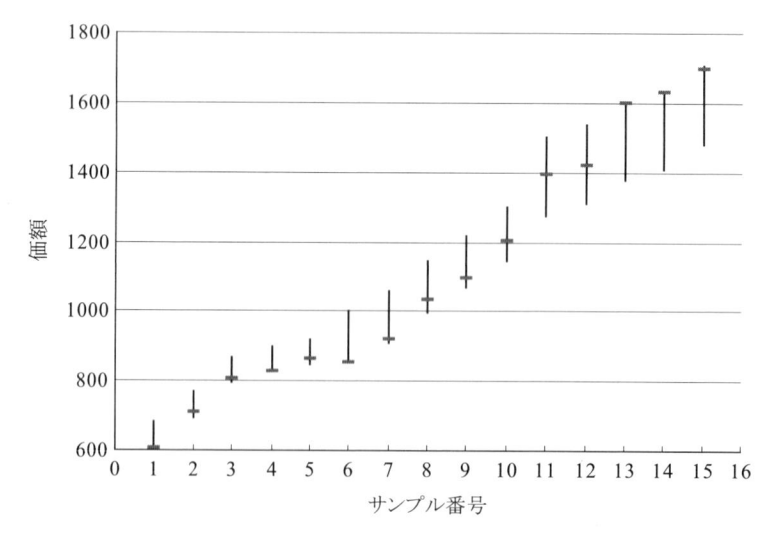

図 3.2 区間回帰から得られた各サンプルの推定区間と実際の価額

区間回帰の結果と通常の回帰を対比するために，通常の回帰分析から得られた結果を以下に示す．

$$y = -112.66 + 221.96x_1 + 9.26x_2 + 8.11x_3 - 37.13x_4 \qquad (3.34)$$

(3.34) 式から，x_4（総室数）が増加すれば y（販売価額）が減少することになる．これは我々の直感的感覚に矛盾する．他方，(3.33) 式の区間回帰の結果は我々の常識によく合っていると言える．図 3.2 から，価額の安いプレハブ住宅の販売価額は推定区間の下端に位置し，価額の高いものは推定区間の上端に位置している．これは，高級品が付加価値を含んで価額を高く設定し，低級品は価額が重要であるので推定区間の下端に設定しているという我々の直感とよく一致している．また，利益に関する入力変数が不明であるので，この部分的無知を反映した推定区間が得られていると解釈できる．さらに，区間係数 A_4 はゼロとなり，これは入力 x_4 が入力 x_2，x_3 に従属していることによると考えられる．したがって区間係数 x_4 は必要がない．

一般に入力変数を選ぶときには，できる限り独立的な変数とする必要がある．しかし，変数が独立かどうかを調べる代わりに，相関係数が低い変数を選べば十分である．また相関の強い変数を選べば，線形計画問題の解が複数個出てくることもありうるということに注意すべきである．

3.3 区間回帰 ―入力は実数値，出力は区間値の場合

入力は実数値データであるが，出力は区間値データで与えられる場合を考察する．たとえば，ある株式の価額を出力とするとき，月単位で考え，その月の最低値と最高値から区間価額を構成するような場合である．このような入出力データを $(Y_j, x_{j1}, \cdots, x_{jn}) - (Y_j, \boldsymbol{x}_j)$ と表し，区間出力 Y_j を (y_j, c_j) と表す．

区間出力を取り扱うとき，上近似モデル（可能性モデル）と下近似モデル（必然性モデル）を考えることができる．

上近似モデルと下近似モデルをそれぞれ以下のように表示する。

$$Y_j^* = A_1^* x_{j1} + \cdots + A_n^* x_{jn} \quad （上近似モデル） \tag{3.35}$$
$$Y_{*j} = A_{*1} x_{j1} + \cdots + A_{*n} x_{jn} \quad （下近似モデル） \tag{3.36}$$

❏ 上近似モデル

与えられた区間値が推定区間値に含まれるように区間回帰モデルを求める問題である。上述の包含関係は次のように書ける。

$$Y_j \subseteq Y_j^*, \quad j = 1, \cdots, m \tag{3.37}$$

この拘束条件（3.37 式）のもとに，次の評価関数を最小にする区間係数 $A_i^* = (a_i^*, c_i^*)$ を求める問題になる。

$$J^* = \sum_{j=1}^{m} \boldsymbol{c}^{*t}|\boldsymbol{x}_j| \tag{3.38}$$

ここで，上式は推定区間値の幅の合計であるので，これを最小にする区間モデルが良いことを意味している。区間に関する包含関係 $Y_j \subseteq Y_j^*$ は「Y_j の下端 $\geq Y_j^*$ の下端」および「Y_j の上端 $\leq Y_j^*$ の上端」という 2 つの不等式で表現できるので，上述の包含関係は次の 2 つの不等式で表せる。

$$y_j - e_j \geq \boldsymbol{a}^{*t}\boldsymbol{x}_j - \boldsymbol{c}^{*t}|\boldsymbol{x}_j| \tag{3.39}$$
$$y_j + e_j \leq \boldsymbol{a}^{*t}\boldsymbol{x}_j + \boldsymbol{c}^{*t}|\boldsymbol{x}_j|$$
$$j = 1, \cdots, m$$

（3.39）式の拘束条件のもとに，（3.38）式の評価関数を最小にする区間係数 A_i^* を求める問題になり，これは次の線形計画問題になる。

$$\min_{\boldsymbol{a}^*, \boldsymbol{c}^*} J^* = \sum_{j=1}^{m} \boldsymbol{c}^{*t}|\boldsymbol{x}_j| \tag{3.40}$$
$$\text{s.t.} \quad y_j - e_j \geq \boldsymbol{a}^{*t}\boldsymbol{x}_j - \boldsymbol{c}^{*t}|\boldsymbol{x}_j|, \quad j = 1, \cdots, m$$
$$y_j + e_j \leq \boldsymbol{a}^{*t}\boldsymbol{x}_j + \boldsymbol{c}^{*t}|\boldsymbol{x}_j|, \quad j = 1, \cdots, m$$
$$\boldsymbol{c}^* \geq \boldsymbol{0}$$

❏ 下近似モデル

与えられた区間値が推定区間値を含むように区間回帰モデルを求める問題である。上述の区間の包含関係は次のように書ける。

$$Y_{*j} \subseteq Y_j, \quad j = 1, \cdots, m \tag{3.41}$$

(3.41) 式の拘束条件のもとに，次の評価関数を最大にする区間係数 $A_{*i} = (a_{*i}, c_{*i})$ を求める問題になる。

$$J_* = \sum_{j=1}^{m} c_*^t |x_j| \tag{3.42}$$

ここで，評価関数を最大にするということは推定区間がつねに与えられた区間に包含されているので，できるだけ与えられた区間値に接近するように区間の幅を大きくすることを意味している。

上近似モデルと同様に，包含関係 $Y_{*j} \subseteq Y_j$ は次の 2 つの不等式で表現できる。

$$\begin{aligned} y_j - e_j &< a_*^t x_j - c_*^t |x_j| \\ y_j + e_j &\geq a_*^t x_j + c_*^t |x_j| \end{aligned} \tag{3.43}$$

区間係数 A_{*i} を求める問題は次の線形計画問題になる。

$$\begin{aligned} \max_{a_*, c_*} J_* &= \sum_{j=1}^{m} c_*^t |x_j| \\ \text{s.t.} \quad y_j - e_j &\leq a_*^t x_j - c_*^t |x_j|, \quad j = 1, \cdots, m \\ y_j + e_j &\geq a_*^t x_j + c_*^t |x_j|, \quad j = 1, \cdots, m \\ c_* &\geq \mathbf{0} \end{aligned} \tag{3.44}$$

評価関数 J_* を最大にするのは，(3.44) 式の拘束条件の不等式から推定区間値 Y_{*j} の下端を $y_j - e_j$ に，また上端を $y_j + e_j$ に接近させるためである。上近

似モデルからの推定区間，与えられた区間，下近似モデルからの推定区間には，次の包含関係が存在する．

$$Y_{*j} \subseteq Y_j \subseteq Y_j^*, \quad j = 1, \cdots, m$$

上述の区間回帰が整合性を持っていることを示すために，与えられたデータ $(Y_j^0, \boldsymbol{x}_j^0)$, $j = 1, \cdots, m$ が次式の区間式を満足すると仮定する．

$$Y_j^0 = A_1^0 x_{1j}^0 + \cdots + A_n^0 x_{nj}^0 = \boldsymbol{A}^0 \boldsymbol{x}_j \tag{3.45}$$

ただし，$\boldsymbol{A}^0 = (\boldsymbol{a}^0, \boldsymbol{c}^0)$ である．もし与えられたデータ $(Y_j^0, \boldsymbol{x}_j^0)$, $j = 1, \cdots, m$ が (3.45) 式を満たすならば，(3.40) 式，(3.44) 式の線形計画問題の解として得られる区間係数 $\boldsymbol{A}^*$, $\boldsymbol{A}_*$ は $\boldsymbol{A}^0$ となることが証明できる [6][7]．すなわち，次の関係が保障されている．

$$\boldsymbol{A}^* = \boldsymbol{A}_* = \boldsymbol{A}^0, \quad Y_j^* = Y_{*j} = Y_j^0, \quad j = 1, \cdots, m \tag{3.46}$$

上近似モデルと下近似モデルに関して次の性質がある．

① 上近似モデルに関する線形計画問題（3.40 式）の解はつねに存在する．
② 下近似モデルに関する線形計画問題（3.44 式）の解は存在しない場合がある．

① については，拘束条件 (3.39) 式で c^* を十分大きくとれば，つねに拘束条件を満たす許容領域が存在することから，① の性質がわかる．しかし ② については，c_* をゼロとしても，(3.43) 式の拘束条件の許容領域が存在しない場合があるので，② の性質がわかる．

もし下近似モデルに関する線形計画問題（3.44 式）の解が存在しない場合，入力 $\boldsymbol{x}$ の多項式を考える必要がある．すなわち，次の多項式を考える．

$$Y = A_0 + \sum_i A_i x_i + \sum_{i,j} A_{ij} x_i x_j + \sum_{i,j,k} A_{ijk} x_i x_j x_k + \cdots \tag{3.47}$$

ただし，A_0, A_i, A_{ij}, A_{ijk} は区間係数である．多項式はどんな関数でも近似できるので，(3.44) 式の拘束条件を満たす多項式が得られる．したがって，この多項式を区間モデルとすれば，つねに線形計画問題 (3.44 式) の解は存在し，区間回帰モデルが得られる．(3.47) 式は x に関して非線形であるが，x は入力値として与えられ，区間係数に関しては線形であるので，この場合も区間回帰は線形計画問題になる．

区間回帰分析の特徴を以下に示す．

① 上近似モデル，下近似モデルの概念はラフ集合の上近似，下近似に類似している．区間出力のあいまいさを反映し，2 つのモデルが構成できる．すなわち，すべてのデータを含む可能性モデルと，より幅が狭い必然性モデルが得られる．データの可能性を重要視するならば可能性モデルが，また区間幅が狭い確実なモデルを必要とするならば必然性モデルが適していると考えられる．

② データ数が増加すれば，区間回帰による推定区間は広くなる．これはデータ数が増加すれば，それだけ意思決定者に対する可能性が広がるためである．これと対照的に通常の回帰分析では，データ数が増加すれば，推定区間は減少する．通常の回帰分析は確率モデルによる手法であるので，多数のデータに基づく客観的解析であるが，区間回帰分析は可能性モデルによる手法であり，比較的少ないデータでも解析できる．この手法は決定の可能性区間と必然性区間とを解析できるので，意思決定に役立つ．

③ 区間回帰は線形計画問題に帰着できるので，求める区間係数に関する拘束条件を導入できる．たとえば，入力変数と出力変数に正の相関があるならば，区間係数の中心を正に限定することができる．このように専門家の知識を拘束条件として導入すれば，得られた回帰モデルには矛盾がなく，意思決定者が容易に区間モデルを解釈できる．

④ 一般に，区間は部分的無知さを表現できるので，現象に対する部分的無

知さを反映し，区間回帰の結果が区間モデルになる．現象の部分的無知さを表現できることが区間回帰の特徴である．

以下に区間出力データの区間回帰分析の数値例を示す．

❏ 砥削加工モデルの例

実験は送り速度を 9 種類とり，これに対する表面粗さを測定した．3 回の加工実験における表面粗さの最小値と最大値から表 3.3 の区間出力データを得た．区間回帰モデルは

$$Y = A_0 + A_1 x + A_2 x^2 \tag{3.48}$$

という非線形モデルであるが，区間係数に対しては線形であることを注意しておく．(3.40) 式，(3.44) 式の線形計画問題を解き，以下の結果を得た．

- 上近似モデル：$A_0^* = (0.236, 0)$, $A_1^* = (-0.007, 0.055)$, $A_2^* = (0.016, 0)$
- 下近似モデル：$A_{*0} = (0.477, 0)$, $A_{*1} = (-0.206, 0)$, $A_{*2} = (0.047, 0.002)$

表 3.3 送り速度と表面粗さ

サンプル	送り速度 x (mm/min)	表面粗さ (y) 最小値	表面粗さ (y) 最大値	表面粗さ (Y) (y, e)
1	1	0.19	0.29	(0.24, 0.05)
2	1.5	0.24	0.32	(0.28, 0.035)
3	2	0.2	0.27	(0.235, 0.035)
4	2.5	0.2	0.46	(0.33, 0.13)
5	3	0.22	0.38	(0.3, 0.08)
6	3.5	0.22	0.33	(0.275, 0.055)
7	4	0.35	0.56	(0.455, 0.105)
8	4.5	0.37	0.6	(0.485, 0.115)
9	5	0.41	0.89	(0.65, 0.24)

[第3章] 区間回帰分析　39

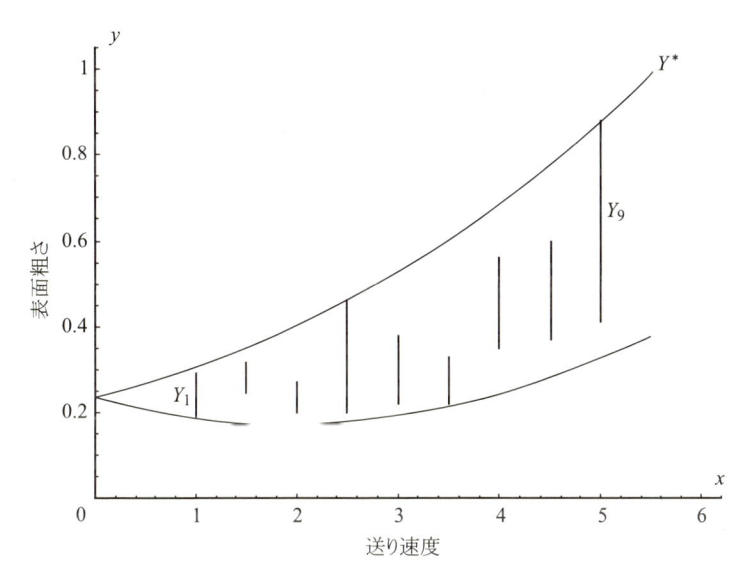

図 3.3　上近似モデル（2つの曲線）と与えられた区間出力（縦線）

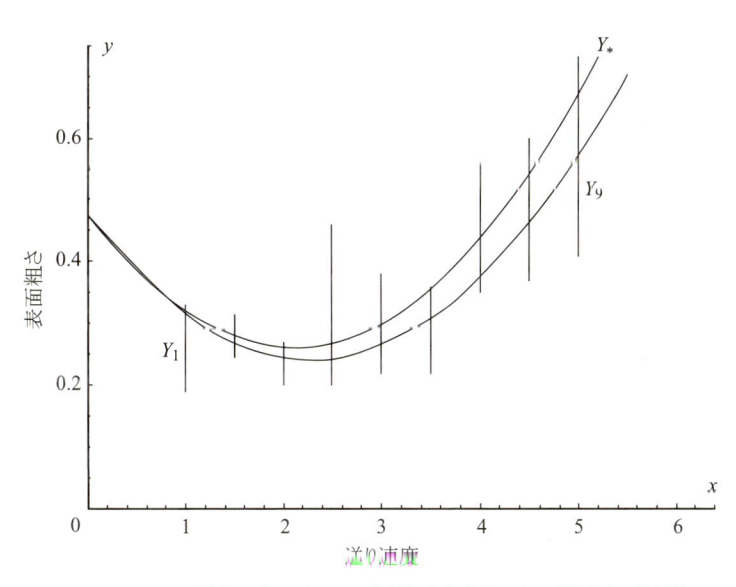

図 3.4　下近似モデル（2つの曲線）と与えられた区間出力（縦線）

上近似モデルと与えられた区間出力を図 3.3 に示し，下近似モデルと与えられた区間出力を図 3.4 に示す。これらの図において，縦線は与えられた区間出力を Y_j で表し，推定上近似モデル Y_j^* と推定下近似モデル Y_{*j} はそれぞれ，2 つの曲線で表されている。2 つの推定出力と与えられた区間出力の間の包含関係は $Y_{*j} \subseteq Y_j \subseteq Y_j^*$ であることが容易にわかる。

図 3.3，図 3.4 を見れば，上近似モデル（可能性）は幅の広い曲線になっているが，下近似モデル（必然性）は幅の狭い曲線であることがわかる。このように，確実な予測を望むならば，下近似モデルが適しているが，これと対照的にデータから考えうるすべての可能性を知りたいならば，上近似モデルが適していると言える。

3.4　2 次計画法による区間回帰について

3.3 節，3.4 節では線形計画法による区間回帰分析を述べた。これは線形計画法の特徴である拘束条件式の端点で解が得られる。したがって，区間係数の幅が 0 になるものが多く存在することになる。評価関数が線形であり，これを最小にする変数を求めるので，評価関数最小化に有利な変数値が求められる。区間係数の幅の変数に関して，どの区間係数で幅を持てば，評価関数最小化に有利になるかを決めるので，いくつかの区間係数の幅は 0 になりがちである。これは解釈が困難になる場合があるので，つねにすべての区間係数の幅が 0 でない値を持つために，2 次計画法による区間回帰を考察する。

線形計画法と 2 次計画法の違いは評価関数だけであるので，まず 2 次計画法の評価関数を 2 次関数とし，実数値の区間回帰では次式を用いることにする。

$$\min_{a,c} J = \sum_{j=1,\cdots,m} (c_j x_j)^2$$

これは幅の 2 乗和であり，変数 c_j の 2 乗を最小にするので，すべての c_j にある値があるほうが最小化に貢献する。したがって区間係数の幅はすべて 0 ではない。ただし，拘束条件は (3.30) 式と同じである。

以上のように，上近似モデル，下近似モデルでも，2次計画法による区間回帰を容易に定式化できる．Excel のソルバーでも2次計画問題を解くことができるが，信頼性が明確でないので，できれば Mathematica などを使用することを推奨したい．

参考文献

[1] 河口至商：多変量解析入門 I，森北出版，1978.
[2] H. Tanaka, S. Uejima and K. Asai: Linear regression analysis with fuzzy model, *IEEE Transaction on System, Man and Cybernetics*, 12, 903–907, 1982.
[3] 田中・上島・浅居：ファジィ関数による線形回帰モデル，*Operations Research Society of Japan*，第25巻，6号，pp.162–174，1982.
[4] H. Tanaka and H. Lee: Interval regression analysis by quadratic programming approach, *IEEE Trans. on Fuzzy Systems*, 6, 4, 473–481, 1998.
[5] P. Guo and H. Tanaka: Interval regression analysis and its applications, 56th Session of the International Statistical Institute (ISI), August, 22–29, Lisboa, Portugal, 2007.
[6] 田中英夫：ファジィモデリングとその応用，朝倉書店，9章，1990.
[7] H. Tanaka and P. Guo: Possibilistic Data Analysis for Operations Research, Physica-Verlag (A Springer-Verlag Company), Chapter 5, 1999.

第4章

区間AHP

　意思決定で複数の代替案の評価を行うときには，評価基準を明確にし，各評価基準の重要度を設定しておく必要がある．しかし一般社会においては，長さや重さ，時間などの物理量では測定できない問題も多く存在する．このような場合，代替案を測定する尺度は人間の直感に頼らざるをえない．人間の主観的であいまいな判断を用いて，各評価基準に対する重要度（ウエイト）を求める方法にAHP（Analytic Hierarchy Process）[1]がある．AHPはその手順の容易さから，個人の抱える問題から企業における経営問題，都市計画などの社会問題まで，さまざまなレベルの問題に適用されている．

　従来のAHPでは，重要度は0.5や0.27など実数値で表現されるが，この数値による表現の妥当性についてはさまざまな考えかたがある．とくに，主観的であいまいな判断を基にして実数値を得る従来の手法に対する批判から，重要度を確率分布や区間値で表現するという研究が行われていて，判断のあいまいさを前提に代替案の順位逆転や同値関係を説明しようとする試みも行われている．

　この章では，データが実数値で与えられる場合と区間データで与えられる場合に分けて，重要度を区間値で表現する区間AHPを紹介する．前述のように，この手法は判断のあいまいさを重要度に反映することを目的としていて，算出された重要度は区間値として得られるのが特徴である．また，区間値の大小関係を定義することで，各代替案に順序を与える方法についても説明する．

4.1 AHP

従来の AHP について簡単に説明する。AHP は 1980 年に T. L. Satty によって提案された手法である。AHP の手順としては，「問題の階層化」「一対比較による代替案や評価基準の評価」「重要度の計算」の3つを行う。

まず，問題の階層化については，意思決定を行う問題と選択する代替案を設定する。さらに，代替案を選択するために，順位付けのための基準（評価基準）を挙げて，意思決定を行う人間（意思決定者）の取り組む問題を図 4.1 のように構造化する。このことにより，意思決定者が問題全体をより理解しやすくなるため，判断のあいまいさをある程度低減することが期待できる。

具体的な例を用いて，問題の階層化を考えてみる。就職活動で複数の企業から内定を受けた場合，内定を受ける1社を選択する問題は図 4.2 のようになる。

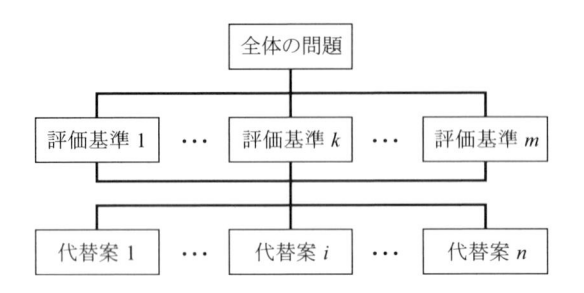

図4.1 問題の階層構造

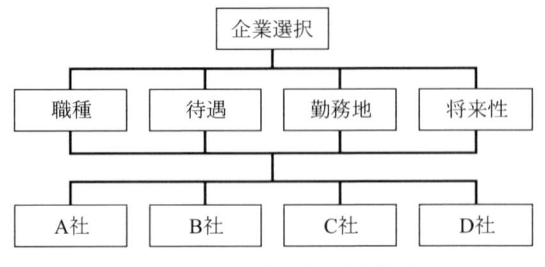

図 4.2 問題の階層構造(具体例)

この例では，1社を選択するために，評価基準として「職種」「待遇」「勤務地」「将来性」を挙げて4社（A社，B社，C社，D社）を比較検討する。

次に，代替案や評価基準のレベルに注目して，それぞれのレベルについて一対比較を行う。人間にとって絶対的な評価を下すことは非常に困難なので，2つの項目による相対評価を行い，その相対評価を度合いも含めて数値で表現する。項目X_iのX_jに対する一対比較評価をa_{ij}とし，これは「X_iがX_jより何倍重要か」を表す。一対比較値の表す程度を表4.1に示す。ここで，$a_{ij} = 1$は同等を意味し，その重要度の高さに応じて，a_{ij}は1より大きな値をとる。なお，X_jがX_iより重要である度合を表すa_{ji}は，a_{ij}の逆数$1/a_{ij}$によって定義されている。したがって，X_jがX_iよりも重要である場合は，a_{ji}に表4.1のような整数値を与えると，a_{ij}にはその逆数を与えることになる。それぞれのレベルにおいて，各項目の一対比較を行った結果は一対比較表としてまとめる。一対比較の結果を行列で表現することもあるが，この点については後ほど紹介する。

表4.1　一対比較評価とその程度

一対比較値	程　度
1	両方の項目が同じくらい重要である
3	X_i が X_j よりも若干重要である
5	X_i が X_j よりも重要である
7	X_i が X_j よりもかなり重要である
9	X_i が X_j よりも絶対的に重要である

前述の例について一対比較を行い，一対比較表を作成する。まず，評価基準について考えると，「職種」と「待遇」を比較して「職種」が「待遇」よりも若干重要である場合は，一対比較値 $a_{職種, 待遇} = 3$ を与える。このとき，一対比較表には行「職種」で，列「待遇」の交点に"3"を記入する。同時に，前に説明した逆数の関係から，行「待遇」で，列「職種」の交点には"1/3"を記入する。また「職種」と「職種」のように，同じ項目を比較した場合は，当然，同

等の評価になるので，一対比較値は $a_{職種, 職種} = 1$ となり，行「職種」と列「職種」の交点に"1"を記入する。なお，一対比較値を与える際には，一対比較全体のバランスを考慮せずに，意思決定者の感覚で決定したほうがよい。全体のバランスを考慮すると，人間の直感的な判断を意思決定に生かすことができなくなるからである。一対比較を繰り返して，すべての項目を比較した結果，表4.2 のような一対比較表ができる。

表 4.2　一対比較表の例

	職種	待遇	勤務地	将来性
職種	1	3	5	5
待遇	1/3	1	3	5
勤務地	1/5	1/3	1	2
将来性	1/5	1/5	1/2	1

次に，代替案について考える。4 社を比較するための評価基準が 4 項目あるので，それぞれの評価基準でこれらの企業を比較すると，表 4.3 から表 4.6 のような評価基準ごとの一対比較表が 4 つ作成される。このように，評価基準や代替案の数，問題の構造によって，作成される一対比較表の数や内容が異なることに注意が必要である。

表 4.3　「職種」に関する一対比較表

	A	B	C	D
A	1	2	3	3
B	1/2	1	1	1/3
C	1/3	1	1	2
D	1/3	3	1/2	1

表 4.4　「待遇」に関する一対比較表

	A	B	C	D
A	1	3	7	9
B	1/3	1	2	5
C	1/7	1/2	1	1
D	1/9	1/5	1	1

表 4.5　「勤務地」に関する一対比較表

	A	B	C	D
A	1	2	3	3
B	1/2	1	1	1
C	1/3	1	1	1
D	1/3	1	1	1

表 4.6　「将来性」に関する一対比較表

	A	B	C	D
A	1	3	3	5
B	1/3	1	2	2
C	1/3	1	1	3
D	1/5	1/2	1/3	1

これらの一対比較表を基に各項目の重要度を求める。一対比較表から重要度を求める方法としては，固有値（Eigen Vector）法[1]と幾何平均（Geometric Mean）法[2]が有名である。固有値法では，一対比較表から作成される一対比較行列により次の固有値問題を解く。

$$AW = \lambda_{\max} W \quad (4.1)$$

一対比較表から一対比較行列への変換については，一対比較表のそれぞれの値を行列の各成分とみなして行列を作成する。表 4.2 の一対比較表を例にすると，作成される一対比較行列は

$$A = \begin{pmatrix} 1 & 3 & 5 & 5 \\ 1/3 & 1 & 3 & 5 \\ 1/5 & 1/3 & 1 & 2 \\ 1/5 & 1/5 & 1/2 & 1 \end{pmatrix}$$

と表される。この問題の最大固有値 $\lambda_{\max}$ に対する固有ベクトルの成分が各項目の重要度であり，n 個の項目からなる一対比較行列により得られる固有ベクトル W は

$$W = [w_1, w_2, \cdots, w_n]^t \quad (4.2)$$

と表される。w_i は i 番目の項目の重要度を表す。固有ベクトル W は方向だけが得られるので，$w_1 + w_2 + \cdots + w_n = 1$ となるように正規化する。

一方，幾何平均法では，一対比較行列の行成分について幾何平均をとり，その値を正規化することによって，重要度を算出する。つまり，i 番目の項目の重要度は

$$w_i = \frac{\sqrt[n]{a_{i1} a_{i2} \cdots a_{in}}}{S} \quad (4.3)$$

となる。ただし，$S = \sum_{i=1}^{n} (\sqrt[n]{a_{i1} a_{i2} \cdots a_{in}})$ であり，各行の幾何平均の合計値を表す。

表 4.2 から表 4.6 の一対比較表に固有値法と幾何平均法を適用すると，表 4.7 から表 4.11 のような重要度が得られる。

表 4.7　評価基準の重要度

評価基準	固有値法	幾何平均法
職種	0.5475	0.5431
待遇	0.2739	0.2760
勤務地	0.1087	0.1115
将来性	0.0698	0.0694

表 4.8　「職種」に関する重要度

代替案	固有値法	幾何平均法
A	0.4459	0.4636
B	0.1459	0.1438
C	0.2057	0.2034
D	0.2026	0.1893

表 4.9　「待遇」に関する重要度

代替案	固有値法	幾何平均法
A	0.6163	0.6219
B	0.2305	0.2266
C	0.0875	0.0867
D	0.0657	0.0648

表 4.10　「勤務地」に関する重要度

代替案	固有値法	幾何平均法
A	0.4666	0.4660
B	0.1907	0.1902
C	0.1713	0.1719
D	0.1713	0.1719

表 4.11　「将来性」に関する重要度

代替案	固有値法	幾何平均法
A	0.5261	0.5263
B	0.1826	0.1836
C	0.2042	0.2032
D	0.0872	0.0868

　なお，経験的に，固有値法と幾何平均法による重要度の結果にあまり差が見られないことが知られていて，このことから，計算の比較的容易な幾何平均法が適用されることが多い。

　最後に，これらの重要度から各代替案の総合重要度を算出し，代替案の順位を付けて，最も重要度の高い代替案を選択する。総合重要度の算出については，評価基準における代替案の重要度に各評価基準の重要度を掛けた値を合計する。A 社を例にして考えると，評価基準「職種」「待遇」「勤務地」「将来性」における重要度（幾何平均法）はそれぞれ 0.4636, 0.6219, 0.4660, 0.5263 で

あり，これに評価基準の重要度を掛けた値を合計すると，総合重要度 W_A は

$$W_A = 0.4636 \times 0.5431 + 0.6219 \times 0.2760 \\ + 0.4660 \times 0.1115 + 0.5263 \times 0.0694 \\ = 0.5119$$

となる．同様にして，$W_B = 0.1746$，$W_C = 0.1677$，$W_D = 0.1459$ が得られる．したがって，意思決定者は総合重要度の最も高い A 社を選択するのが望ましいということになる．

❏ AHP における整合性の問題

AHP で考慮すべき問題としては，評価の整合性がある．一般に，AHP での整合性の問題は推移率と関係がある．Arbel は，推移律が弱推移律（Weak Transitivity）と強推移律（Strong Transitivity）に分けられることを述べている[3]．たとえば，3 つの項目 X_i，X_j，X_k について，「X_i が X_k より重要で，X_k が X_j より重要であれば，X_i は X_j より重要である」という関係が成り立つとき，この関係を弱推移律といい，AHP の一対比較値 a_{ij} を用いると

$$\forall i, j, k, \quad a_{ik} \geq 1, \ a_{kj} \geq 1 \Rightarrow a_{ij} \geq 1 \tag{4.4}$$

と表すことができる．一方，強推移律は「X_i が X_k より 3 倍重要で，X_k が X_j より 2 倍重要であれば，X_i は X_j より 6 倍重要である」というものである．これは AHP における完全整合性（Perfect Consistency）を表し

$$\forall i, j, k, \quad a_{ij} = a_{ik} a_{kj} \tag{4.5}$$

と表現できる．当然，強推移律を満たしている一対比較行列は弱推移律も満たしている．通常，強推移律を満たす場合はあまり存在しないため，弱推移律を満たしていれば評価に整合性があるとみなされる．ところが，人間の下す判断

は必ずしも一貫していない。たとえば，先ほどの3つについて，「X_i が X_k より重要で，X_k が X_j より重要だが，X_j は X_i より重要である」のような関係が存在する場合である。この関係を非推移律（Intransitivity）といい，評価に矛盾があることを表している。したがって，一対比較による相対評価においては，こういった矛盾が存在することを考慮しなければならない。評価の整合性を測定する指標として，整合度（Consistency Index）がある。固有値法の場合，整合度は次の式で求められる。

$$\text{C.I.} = \frac{\lambda_{\max} - n}{n - 1} \tag{4.6}$$

ただし，n は項目の数を表す。整合度は，一対比較が完全な整合性を保っている場合（強推移律の場合）は0となり，一対比較に矛盾が存在する場合は0よりも大きくなる。また，$\lambda_{\max} \geq n$ となり，C.I. はつねに正である。このことは付録に示されている。経験的に，整合度の許容範囲は0.1（あるいは0.15）以下とされていて，許容範囲を超えた場合は一対比較を再度行う必要がある[1]。すなわち，AHPのモデルに合った一対比較データだけが固有値法で利用できるとされている。

4.2 実数データに対する区間 AHP

AHPにおける整合性の問題は，意思決定者の判断が一貫していないことが原因とされている。前に述べたように，従来のAHPでは整合性を測定する指標を用いて，評価の整合性を検討している。一方で，意思決定者の判断に含まれる揺らぎを重要度に反映して，区間で表現するという試みが，これから紹介する区間 AHP[4]~[7] では行われている。重要度が区間で得られることにより，揺らぎの大きさを区間の幅で表現できるのがこの方法の特徴である。また，区間重要度の大小関係を定義することで，従来のAHPにおいて再検討が必要であるとされていた一対比較から，何らかの意味のある結果を引き出すことが可能であると考えられる。

まず，通常の実数値の一対比較データを取り扱う．一対比較行列に整合性がない場合でもデータの不整合性を反映した区間推定ができる区間 AHP モデルを定式化する．このモデルは田中ら[8]の可能性回帰モデルの定式化の概念に基づいたものであり，データの可能性を考慮し，それらすべての一対比較値を包含するというモデルである．このモデルの区間重要度推定問題は線形計画問題に帰着しているので，解が容易に得られるという利点がある．

 一対比較データが従来のように実数値で与えられる場合について，区間重要度を推定する区間 AHP モデルを考える．与えられたデータにはすべて可能性があるとみなし，一対比較データをすべて包含するような区間 AHP モデルを定式化する．

 まず，項目 X_i の区間重要度を $[\underline{w_i}, \overline{w_i}]$ ($i = 1, 2, \cdots, n$) と表す．ただし，$\overline{w_i} \geq \underline{w_i} \geq \varepsilon$ であり，ε は微小な正数を表す．ここで，項目 X_i の項目 X_j に対する推定区間重要度の比を W_{ij} で表す．区間重要度を求めるために以下のことを仮定する．一対比較値 W_{ij} の最大可能性区間は，区間重要度 $[\underline{w_i}, \overline{w_i}]$ から次のように考えられる．

$$\forall i, j \ (i \neq j) \quad W_{ij} = \left[\frac{\underline{w_i}}{\overline{w_j}}, \frac{\overline{w_i}}{\underline{w_j}} \right] \tag{4.7}$$

 また，与えられた一対比較値 a_{ij} が W_{ij} の最大可能性区間に含まれるようにする．すなわち

$$\forall i, j \ (i \neq j) \quad a_{ij} \in W_{ij} \tag{4.8}$$

となるように，区間重要度 $[\underline{w_i}, \overline{w_i}]$ を推定する問題を考えている．なお，w_i が正でかつ非零であることから，(4.8) 式を変形すると以下のようになる．

$$\forall i, j \ (i \neq j) \quad a_{ij} \overline{w_j} \geq \underline{w_i}, \ a_{ij} \underline{w_j} \leq \overline{w_i} \tag{4.9}$$

 与えられたデータを包含する区間の中で，区間幅が小さくなるように区間重要度を推定する．すなわち，推定重要度の幅 ($\overline{w_i} - \underline{w_i}$) の和を最小にするような

$\underline{w_i}$, $\overline{w_i}$ を求めることにする。

次に区間重要度の制約について考える。従来の AHP では重要度の和が 1 になるように正規化されていたが，ここでは区間確率[6][7] の定義を用いて区間重要度の正規化として使用する。

$$\forall j \quad \sum_{i \in \Omega - \{j\}} \overline{w_i} + \underline{w_j} \geq 1 \tag{4.10}$$

$$\forall j \quad \sum_{i \in \Omega - \{j\}} \underline{w_i} + \overline{w_j} \leq 1 \tag{4.11}$$

ただし，$\Omega = \{1, \cdots, n\}$ である。

(4.10) 式は，j 以外の $n-1$ 個の重要度が区間の上限値をとったときに $1 - \sum \overline{w_i}$ が残る 1 つの区間の下限を上回らないことを意味する。同様に，(4.11) 式は j 以外の $n-1$ 個の重要度が区間の下限値をとったときに $1 - \sum \underline{w_i}$ が残る 1 つの区間の上限を下回らないことを意味する。たとえば，3 つの区間重要度が次のように与えられているとする。

$$W_1 = [0.3, 0.6], \quad W_2 = [0.2, 0.4], \quad W_3 = [0.1, 0.2]$$

この場合，これらの区間重要度は (4.10) 式と (4.11) 式を満たしていない。W_1 の区間で 0.35 の値をとると，W_2 と W_3 の区間内でどの値をとったとしても，3 つの合計を 1 にすることはできない。つまり，0.35 の値は 3 つの重要度を 1 にすることができない値であると考えることができる。区間確率の定義 (4.10) 式と (4.11) 式の意味は次のように言える。区間 W_i から任意に w_i^o が与えられ

$$w_1^o + w_2^o + \cdots + w_i^o + \cdots + w_n^o = 1 \tag{4.12}$$

となる $w_j^o \in W_j$ $(j = 1, \cdots, i-1, i+1, \cdots, n)$ が存在することが保証されている。

以上の区間重要度に関する制約条件と (4.9) 式の制約条件，および区間重要度の幅の合計を最小にするという目的関数を考えると，区間 AHP モデルは次

の線形計画問題（LP）になる．これは重要度を求める方法をLP問題に帰着させているので，この定式化の表記を⟨ILP⟩（Interval LP）とする．

⟨ILP⟩

$$\text{目的関数 } J = \sum_{i=1}^{n} (\overline{w_i} - \underline{w_i}) \to \text{最小化} \qquad (4.13)$$

制約条件 (4.14)

$$\forall i, j \ (i \neq j) \qquad a_{ij} \underline{w_j} \leq \overline{w_i}$$

$$\forall i, j \ (i \neq j) \qquad a_{ij} \overline{w_j} \geq \underline{w_i}$$

$$\forall j \qquad \sum_{i \in \Omega - \{j\}} \overline{w_i} + \underline{w_j} \geq 1$$

$$\forall j \qquad \sum_{i \in \Omega - \{j\}} \underline{w_i} + \overline{w_j} \leq 1$$

$$\forall i \qquad \overline{w_i} \geq \underline{w_i}$$

$$\forall i \qquad \underline{w_i}, \overline{w_i} \geq \varepsilon$$

ただし，$\Omega = \{1, \cdots, n\}$ であり，ε は微小な正数である．ここで，上記モデルより得られる推定値は区間 $[\underline{w_i}, \overline{w_i}]$ となるので，区間順序関係を以下のように定義する．2つの区間重要度 $X = [\underline{x}, \overline{x}], Y = [\underline{y}, \overline{y}]$ について，区間値の順序関係[9]

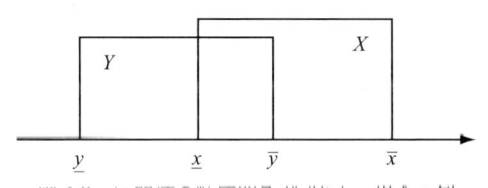

図 4.3 区間値の順序関係が成り立つ場合の例

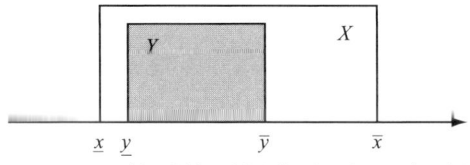

図 4.4 区間値の順序関係が成り立たない場合の例

を次のように定義する。

$$X \geq Y \leftrightarrow \underline{x} \geq \underline{y}, \overline{x} \geq \overline{y} \tag{4.15}$$

❑ 数値例 1

前述したように，このモデルは意思決定者による判断の揺らぎを区間として反映することができる。このことを説明するために，次の 3 つの特徴的な一対比較行列を例として取り上げる。

(a) 強推移律が成立している場合

$$\forall i, j, k, \quad a_{ik} a_{kj} = a_{ij}$$

$$A = \begin{pmatrix} 1 & 2 & 4 & 8 \\ 1/2 & 1 & 2 & 4 \\ 1/4 & 1/2 & 1 & 2 \\ 1/8 & 1/4 & 1/2 & 1 \end{pmatrix}$$

(b) 弱推移律のみが成立している場合

$$\forall i, j, k, \quad a_{ik} \geq 1, a_{kj} \geq 1 \rightarrow a_{ij} \geq 1$$

$$A = \begin{pmatrix} 1 & 3 & 5 & 7 \\ 1/3 & 1 & 2 & 2 \\ 1/5 & 1/2 & 1 & 9 \\ 1/7 & 1/2 & 1/9 & 1 \end{pmatrix}$$

(c) 循環関係が存在している（非推移律の）場合

循環関係は，強推移律も弱推移律も満たしていない状態を表している。

$$A = \begin{pmatrix} 1 & 2 & 4 & 1/2 \\ 1/2 & 1 & 2 & 4 \\ 1/4 & 1/2 & 1 & 2 \\ 2 & 1/4 & 1/2 & 1 \end{pmatrix}$$

上記の数値例 (a), (b), (c) を (4.13) 式, (4.14) 式に適用し，得られる区間重要度を表 4.12, 表 4.13, 表 4.14 にそれぞれ示す。ただし，区間重要度は ILP

表 4.12 (a) 強推移律を満たす場合の数値結果

項目	固有値法(C.I. = 0.0)	ILP
X_1	0.5333	0.5333
X_2	0.2667	0.2667
X_3	0.1333	0.1333
X_4	0.0667	0.0667

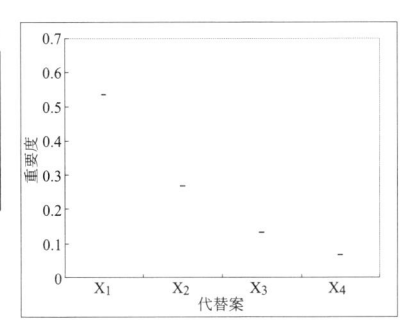

表 4.13 (b) 弱推移律を満たす場合の数値結果

項目	固有値法(C.I. = 0.15)	ILP
X_1	0.5515	0.6269
X_2	0.1943	[0.1791, 0.2090]
X_3	0.1986	[0.1045, 0.1478]
X_4	0.0556	[0.0164, 0.0896]

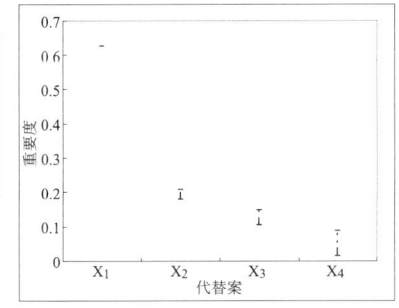

表 4.14 (c) 非推移律の場合の数値結果

項目	固有値法(C.I. = 0.36)	ILP
X_1	0.3307	[0.2000, 0.5333]
X_2	0.3128	0.2667
X_3	0.1564	0.1333
X_4	0.2001	[0.0667, 0.4000]

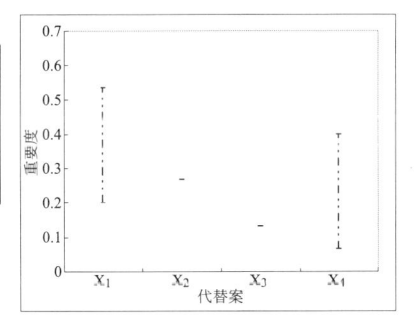

欄に，固有値法による重要度は固有値法欄に，それぞれ示されている．また，C.I. は固有値法の整合度を表す．

まず完全に整合性がある (a) の一対比較行列については，固有値法による結果とまったく同じになることがわかる．次に，弱推移律が成立する場合について考える．(b) の一対比較行列から次のような選好関係がわかる．項目 X_1 は

X_2, X_3, X_4 より重要であり，項目 X_2 は X_3, X_4 より重要であり，項目 X_3 は X_4 より重要である。すなわち，$X_1 > X_2 > X_3 > X_4$ であり，評価の選好関係は一貫している。しかし，たとえば $a_{34} = 9$ であるが，$a_{31} a_{14} = \frac{1}{5} \times 7 = \frac{7}{5}$, $a_{32} a_{24} = 1$ であるので，強推移律が成立していない。固有値法の結果は評価の選好関係と一致していないので，評価の逆転現象が起こっていることがわかる。しかし，区間 AHP モデルの結果は元の順序関係と一致しているので，意思決定者の評価に沿った結果が得られているといえる。最後に，循環関係がある場合について考える。(c) の行列では，ほとんどが $X_1 > X_2 > X_3 > X_4$ という順序関係を支持しているのに対して，a_{14} のみが正反対の順序を示しているため，循環関係が存在している。固有値法の結果は $X_1 > X_2 > X_4 > X_3$ となっているが，区間 AHP モデルでは X_1 と X_2, X_2 と X_4, X_3 と X_4 の間で順序関

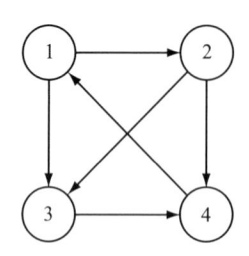

図 4.5 (c) の循環関係

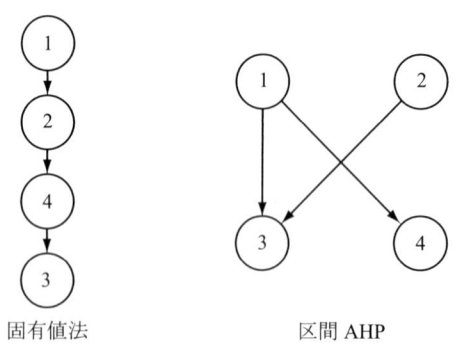

図 4.6 (c) の固有値法と区間 AHP モデルによる重要度から得られた順序関係

[第4章] 区間 AHP　57

係がない。一対比較の整合性が悪くなると，それだけ評価にあいまいさが存在すると考えられるので，区間の幅が大きくなるという性質がある。

❏ 数値例 2

4.1 節で示した企業選定問題のデータを，区間 AHP に適用した結果を表 4.15 から表 4.19 に示す。

表 4.15　評価基準の区間重要度

評価基準	ILP
職種	0.6019
待遇	[0.2006, 0.2315]
勤務地	[0.0772, 0.1204]
将来性	[0.0463, 0.1204]

表 4.16　「職種」に関する区間重要度

代替案	ILP
A	0.5000
B	[0.0833, 0.2500]
C	0.1667
D	[0.0833, 0.2500]

表 4.17　「待遇」に関する区間重要度

代替案	ILP
A	0.6383
B	0.2128
C	[0.0745, 0.1064]
D	[0.0426, 0.0745]

表 4.18　「勤務地」に関する区間重要度

代替案	ILP
A	0.4615
B	[0.1795, 0.2308]
C	[0.1538, 0.1795]
D	[0.1538, 0.1795]

表 4.19　「将来性」に関する区間重要度

代替案	ILP
A	0.5357
B	0.1786
C	[0.1786, 0.2143]
D	[0.0714, 0.1071]

得られた区間重要度を基に，次の式を用いて総合重要度を算出する。

$$Y_i = \{y_i \mid y_i = \sum_j w_j x_{ij},\ \underline{w_j} \leq w_j \leq \overline{w_j},\ \underline{x_{ij}} \leq x_{ij} \leq \overline{x_{ij}}\} \tag{4.16}$$

ただし，$\underline{w_i}$, $\overline{w_i}$ は各評価基準についての区間重要度の上限と下限であり，$\underline{x_{ij}}$, $\overline{x_{ij}}$ は評価基準 j に関する代替案 i の区間重要度の上限と下限である。(4.16) 式により区間総合値を計算した結果を表 4.20 に示す。

表 4.20 区間演算による総合重要度

代替案	総合重要度	順位
A	[0.4894, 0.5688]	1
B	[0.1150, 0.2490]	2–3
C	[0.1354, 0.1724]	2–4
D	[0.0739, 0.2022]	3–4

ここで，順位欄の 2–3 は，B 社の総合評価は 2 番か 3 番であることを示している。幾何平均法により得られた代替案の順序関係と，区間順序関係を用いて得られた代替案の順序関係を図 4.7 に示す。以上の結果から，A 社が最も望ましいことがわかるが，A 社以外の順序については従来の AHP とは異なる結果が得られている。

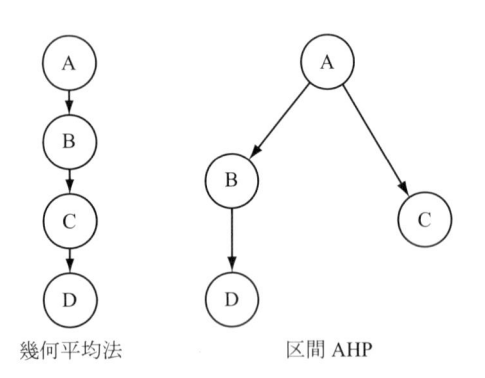

図 4.7 総合重要度による順序関係

4.3 区間データに対する区間 AHP モデル

人間の感覚をより的確に表現する手段として，区間値を用いて一対比較を行った場合の区間 AHP モデルを説明する。区間データを扱うので，可能性推定と必然性推定として，「上近似モデル」と「下近似モデル」が定式化できる[6][7]。これらは2つの線形計画問題に帰着できるので，先のモデルと同様に解が容易に得られる。上近似・下近似モデルという概念は，Pawlak[10] の提案したラフ集合の概念に類似している。すなわち，あいまいな現象は下近似モデルと上近似モデルによって近似できるということである。

ここでは，人間の直感的感覚を一対比較に取り入れるために区間値を取り扱う。一対比較値の区間表現については

$$[A_{ij}] = \left[a_{ij}^L, a_{ij}^U\right] \qquad (4.17)$$

とし，A_{ij} と A_{ji} の逆数の関係については，区間の両端が対応関係を持つように

$$a_{ij}^L = \frac{1}{a_{ji}^U}, \qquad a_{ij}^U = \frac{1}{a_{ji}^L} \qquad (4.18)$$

と定義されている[3]。ただし，行列の対角要素は $[A_{ii}] = [1,1]$ とする。区間一対比較行列を $[A]$ と表す。

ここで，一対比較区間値について，次の2つの観点から推定区間 W_{ij} を求めることにする。1つは「推定区間重要度の比が，与えられた区間一対比較値に包含されている」という観点であり，もう1つは「推定区間重要度の比が，与えられた区間一対比較値を包含する」という観点である[6][7]。これを数式で表現すると，次のようになる。

$$W_{ij*} \subseteq [A_{ij}] \longleftrightarrow 下近似 \qquad (4.19)$$
$$W_{ij}^* \supseteq [A_{ij}] \longleftrightarrow 上近似 \qquad (4.20)$$

ただし，W_{ij*}，W_{ij}^* は推定下近似区間，推定上近似区間である。下近似区間 W_{ij*}

は "Greatest Lower" であり，上近似区間 W_{ij}^* は "Least Upper" である。これは双対的数理モデルの概念に基づいている。区間一対比較値というあいまいなデータから「下近似モデル」と「上近似モデル」という2つの近似モデルが考えられる。この概念を図 4.8 に示す。

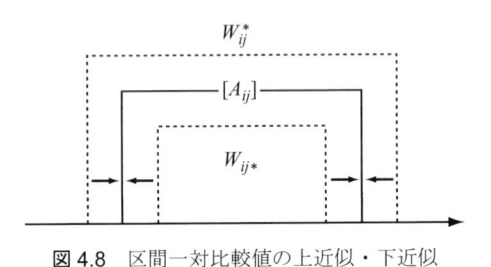

図 4.8　区間一対比較値の上近似・下近似

下近似モデルにより推定される区間重要度を $W_{i*} = [\underline{w_{i*}}, \overline{w_{i*}}]$，上近似モデルにより推定される区間重要度を $W_i^* = [\underline{w_i^*}, \overline{w_i^*}]$ と表すと，上記の制約条件 (4.19)式, (4.20)式は次のように書き換えることができる。

$$W_{ij*} \subseteq [A_{ij}] \quad \forall i,j\,(i \neq j)$$
$$\leftrightarrow a_{ij}^L \leq \frac{\underline{w_{i*}}}{\overline{w_{j*}}} \leq \frac{\overline{w_{i*}}}{\underline{w_{j*}}} \leq a_{ij}^U$$
$$\leftrightarrow a_{ij}^U \underline{w_{j*}} \geq \overline{w_{i*}},\ a_{ij}^L \overline{w_{j*}} \leq \underline{w_{i*}} \quad (4.21)$$

$$W_{ij}^* \supseteq [A_{ij}] \quad \forall i,j\,(i \neq j)$$
$$\leftrightarrow \frac{\underline{w_i^*}}{\overline{w_j^*}} \leq a_{ij}^L \leq a_{ij}^U \leq \frac{\overline{w_i^*}}{\underline{w_j^*}}$$
$$\leftrightarrow a_{ij}^U \underline{w_j^*} \leq \overline{w_i^*},\ a_{ij}^L \overline{w_j^*} \geq \underline{w_i^*} \quad (4.22)$$

下近似モデルを〈Lower〉と表し，区間一対比較行列 $[A]$ を下から近似することを考える。推定区間重要度の比を W_{ij*} と表し，これが区間一対比較行列 $[A]$ に下から近づくために幅の合計が最大になるように決める問題となる

（Greatest Lower）。すなわち，下近似モデルは (4.21) 式の制約条件を考慮して，次の線形計画問題として定式化できる。この線形計画問題を ⟨LowerLP⟩ と表記する。

⟨LowerLP⟩

$$\text{目的関数 } J_* = \sum_i (\overline{w_{i*}} - \underline{w_{i*}}) \to 最大化 \tag{4.23}$$

制約条件 (4.24)

$$\forall i, j \ (i \neq j) \quad a_{ij}^U \underline{w_{j*}} \geq \overline{w_{i*}}$$

$$\forall i, j \ (i \neq j) \quad a_{ij}^L \overline{w_{j*}} \leq \underline{w_{i*}}$$

$$\forall j \quad \sum_{i \in \Omega - \{j\}} \overline{w_{i*}} + \underline{w_{j*}} \geq 1$$

$$\forall j \quad \sum_{i \in \Omega - \{j\}} \underline{w_{i*}} + \overline{w_{j*}} \leq 1$$

$$\forall i \quad \overline{w_{i*}} \geq \underline{w_{i*}}$$

$$\forall i \quad \underline{w_{i*}}, \overline{w_{i*}} \geq \varepsilon$$

上近似モデルを ⟨Upper⟩ と表し，区間一対比較行列 $[A]$ を上から近似することを考える。推定区間重要度の比を W_{ij}^* と表し，これが区間一対比較行列 $[A]$ に上から近づくために幅の合計が最小になるように決める問題となる（Least Upper）。すなわち，上近似モデルは (4.22) 式の制約条件を考慮して，次の線形計画問題として定式化できる。この線形計画問題を ⟨UpperLP⟩ と表記する。

⟨UpperLP⟩

$$\text{目的関数 } J^* = \sum_i (\overline{w_i^*} - \underline{w_i^*}) \to 最小化 \tag{4.25}$$

制約条件 (4.26)

$$\forall i, j \ (i \neq j) \quad a_{ij}^U \underline{w_j^*} \leq \overline{w_i^*}$$

$$\forall i, j \ (i \neq j) \quad a_{ij}^L \overline{w_j^*} \geq \underline{w_i^*}$$

$$\forall j \quad \sum_{i \in \Omega - \{j\}} \overline{w_i^*} + \underline{w_j^*} \geq 1$$

$$\forall j \quad \sum_{i \in \Omega-\{j\}} \underline{w_i}^* + \overline{w_j}^* \leq 1$$

$$\forall i \quad \overline{w_i}^* \geq \underline{w_i}^*$$

$$\forall i \quad \underline{w_i}^*, \overline{w_i}^* \geq \varepsilon$$

❏ 数値例 3

5つの項目について，次のような区間一対比較行列 $[A]$ が与えられたとする．

$$[A] = \begin{pmatrix} 1 & [1,3] & [3,5] & [5,7] & [5,9] \\ [1/3,1] & 1 & [1,4] & [1,5] & [1,4] \\ [1/5,1/3] & [1/4,1] & 1 & [1,3] & [2,4] \\ [1/7,1/5] & [1/5,1] & [1/3,1] & 1 & [1,2] \\ [1/9,1/5] & [1/4,1] & [1/4,1/2] & [1/2,1] & 1 \end{pmatrix}$$

上述の区間値行列データ $[A]$ を LowerLP 欄と UpperLP 欄に適用し，得られる結果を表 4.21 に示す．

表 4.21　数値例 3 の結果

代替案	LowerLP	UpperLP
X_1	[0.4225, 0.5343]	[0.2941, 0.4118]
X_2	[0.1781, 0.2817]	[0.1373, 0.2941]
X_3	0.1408	[0.0458, 0.1765]
X_4	[0.0763, 0.0845]	[0.0588, 0.1373]
X_5	0.0704	[0.0441, 0.1373]

区間順序関係を表 4.21 の数値結果に適用すると，図 4.9 の結果が得られる．この例では，下近似モデルの解は全順序関係であり，上近似モデルの解は半順序関係である．これは上近似モデルの区間重要度の幅が下近似モデルの幅より広くなっているためと考えられる．言い換えると，下近似モデルでは必然性推定として，区間データの整合性に重点を置いた分析がなされているため，得られる順序関係は全順序関係となる傾向がある．一方，上近似モデルでは可能性推定として，区間データの可能性を考慮した分析がなされているため，得られ

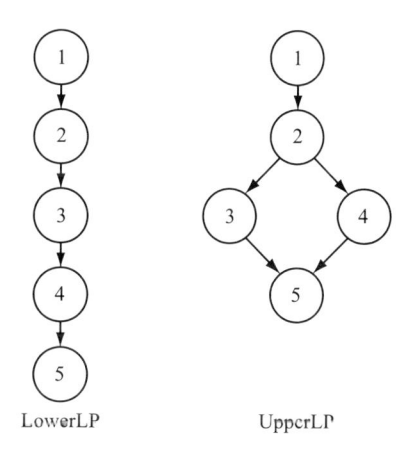

図 4.9 表 4.21 の区間重要度の順序関係

る順序関係は半順序関係となる傾向がある．区間重要度に関する包含関係ではなく，図 4.8 のような比に関する包含関係が得られている．

4.4 2次計画問題への拡張

これまで紹介した区間 AHP モデルは線形計画問題として定式化されているが，これらのモデルを 2 次計画問題に拡張することができる．すなわち，一対比較値が実数値で与えられる場合，与えられた一対比較値を包含するような可能性区間のうち，推定重要度の幅 ($\overline{w_i} - \underline{w_i}$) の 2 乗の和を最小にするような $\underline{w_i}$, $\overline{w_i}$ を求める最適化問題を考えると，次のような 2 次計画問題として定式化できる[11]．この問題は 2 次計画法（QP）に基づいているので，これを ⟨IQP⟩ (Interval QP) と表記する．

⟨IQP⟩

目的関数 $\quad \sum_i (\overline{w_i} - \underline{w_i})^2 \to$ 最小化 $\quad$ (4.27)

制約条件 $\quad$ (4.28)

$\forall i, j \ (i \neq j) \quad a_{ij} \underline{w_j} \leq \overline{w_i}$

$$\forall i, j \ (i \neq j) \quad a_{ij} \overline{w_j} \geq \underline{w_i}$$

$$\forall j \quad \sum_{i \in \Omega - \{j\}} \overline{w_i} + \underline{w_j} \geq 1$$

$$\forall j \quad \sum_{i \in \Omega - \{j\}} \underline{w_i} + \overline{w_j} \leq 1$$

$$\forall i \quad \overline{w_i} \geq \underline{w_i}$$

$$\forall i \quad \underline{w_i}, \overline{w_i} \geq \varepsilon$$

また，一対比較値が区間である場合も同様に定式化することができる[11]。このとき，〈Lower〉と〈Upper〉の2つのモデルができ，これらは2次計画法（QP）に基づくので，それぞれ〈LowerQP〉，〈UpperQP〉と表記する。

〈LowerQP〉

目的関数 $J_* = \sum_i (\overline{w_{i*}} - \underline{w_{i*}})^2 \to$ 最大化 (4.29)

制約条件 (4.30)

$$\forall i, j \ (i \neq j) \quad a_{ij}^U \underline{w_j}_* \geq \overline{w_{i*}}$$

$$\forall i, j \ (i \neq j) \quad a_{ij}^L \overline{w_j}_* \leq \underline{w_{i*}}$$

$$\forall j \quad \sum_{i \in \Omega - \{j\}} \overline{w_{i*}} + \underline{w_j}_* \geq 1$$

$$\forall j \quad \sum_{i \in \Omega - \{j\}} \underline{w_i}_* + \overline{w_{j*}} \leq 1$$

$$\forall i \quad \overline{w_{i*}} \geq \underline{w_i}_*$$

$$\forall i \quad \underline{w_i}, \overline{w_{i*}} \geq \varepsilon$$

〈UpperQP〉

目的関数 $J^* = \sum_i (\overline{w_i}^* - \underline{w_i}^*)^2 \to$ 最小化 (4.31)

制約条件 (4.32)

$$\forall i, j \ (i \neq j) \quad a_{ij}^U \underline{w_j}^* \leq \overline{w_i}^*$$

$$\forall i, j \ (i \neq j) \quad a_{ij}^L \overline{w_j}^* \geq \underline{w_i}^*$$

$$\forall j \quad \sum_{i\in\Omega-\{j\}} \overline{w_i}^* + \underline{w_j}^* \geq 1$$

$$\forall j \quad \sum_{i\in\Omega-\{j\}} \underline{w_i}^* + \overline{w_j}^* \leq 1$$

$$\forall i \quad \overline{w_i}^* \geq \underline{w_i}^*$$

$$\forall i \quad \underline{w_i}^*, \overline{w_i}^* \geq \varepsilon$$

4.5 まとめ

本章では，実数値データに対して区間重要度を推定する区間 AHP モデルと，区間データに対してラフ近似に類似した観点から下近似区間と上近似区間を求める方法を示した．まず，実数値の一対比較データを扱う場合は，データの可能性を考慮して評価の不整合性を区間重要度に反映するモデルを説明した．また，区間一対比較値が用いられる場合，「上近似モデル」と「下近似モデル」という 2 つの区間 AHP モデルを線形計画問題として定式化した．さらに，線形計画問題として定式化されていたモデルを 2 次計画問題に拡張できることを紹介した．

- 一対比較データから区間重要度を算出する手法を紹介した（区間 AHP モデル）．
- 実数値データの場合は，データの可能性を考慮した区間重要度を算出する．
- 区間データの場合は，ラフ近似の観点に基づいて，2 つの近似区間（下近似区間，上近似区間）を求めることにより区間重要度を算出する．
- 区間 AHP モデルは，線形計画問題や 2 次計画問題として定式化できる．

付録：固有値法における強推移律と整合度の関係

n 個の評価項目 $X_1, X_2, \cdots, X_n$ があり，その本来の重要度が $w_1, w_2, \cdots, w_n$ であるとする。このとき，項目 X_i と X_j の一対比較値は

$$a_{ij} = \frac{w_i}{w_j} \tag{4.33}$$

を満たすはずである。このことから，強推移律を満たす一対比較行列 A は

$$A = \begin{pmatrix} \frac{w_1}{w_1} & \frac{w_1}{w_2} & \cdots & \frac{w_1}{w_n} \\ \frac{w_2}{w_1} & \frac{w_2}{w_2} & \cdots & \frac{w_2}{w_n} \\ \vdots & \vdots & \ddots & \vdots \\ \frac{w_n}{w_1} & \frac{w_n}{w_2} & \cdots & \frac{w_n}{w_n} \end{pmatrix} \tag{4.34}$$

となる。この行列に右側から，重要度を成分とするベクトルをかけると

$$\begin{pmatrix} \frac{w_1}{w_1} & \frac{w_1}{w_2} & \cdots & \frac{w_1}{w_n} \\ \frac{w_2}{w_1} & \frac{w_2}{w_2} & \cdots & \frac{w_2}{w_n} \\ \vdots & \vdots & \ddots & \vdots \\ \frac{w_n}{w_1} & \frac{w_n}{w_2} & \cdots & \frac{w_n}{w_n} \end{pmatrix} \begin{pmatrix} w_1 \\ w_2 \\ \vdots \\ w_n \end{pmatrix} = n \begin{pmatrix} w_1 \\ w_2 \\ \vdots \\ w_n \end{pmatrix} \tag{4.35}$$

と表せる。このことから，重要度のベクトルは A の固有ベクトルであり，n は固有値であることがわかる。また，n は行列 A の最大固有値である。実際の一対比較行列は強推移律を満たしていないが，それに近い形であるとすれば，その固有ベクトルの成分を各項目の重要度として扱うことができる。

任意の一対比較行列 A の最大固有値を $\lambda_{\max}$，固有ベクトルを $\boldsymbol{W}$ とすると，固有値と固有ベクトルの関係より

$$A\boldsymbol{W} = \lambda_{\max} \boldsymbol{W} \tag{4.36}$$

という式が成立する。このとき，一般に

$$\lambda_{\max} \geq n \tag{4.37}$$

という関係が成り立つ。

このことを次に証明する。(4.36) 式を展開すると，一対比較値 a_{ij} を用いて

$$\sum_{j=1}^{n} a_{ij} w_j = \lambda_{\max} w_i \tag{4.38}$$

となるので，これより

$$\lambda_{\max} = \sum_{j=1}^{n} a_{ij} \frac{w_j}{w_i} \tag{4.39}$$

が得られる。

ここで，逆数の関係 $a_{ji} = \dfrac{1}{a_{ij}}$ を用いて，(4.39) 式を次のように書き直すと

$$\sum_{i=1}^{n} \lambda_{\max} = \sum_{i=1}^{n} \sum_{j=1}^{n} a_{ij} \frac{w_j}{w_i}$$

$$n\lambda_{\max} = \sum_{i=1}^{n-1} \sum_{j=i+1}^{n} \left(a_{ij} \frac{v_j}{v_i}\right) + \sum_{j=1}^{n-1} \sum_{i=j+1}^{n} \left(a_{ij} \frac{v_j}{v_i}\right) + \sum_{i=1}^{n} \left(a_{ii} \frac{v_i}{v_i}\right)$$

$$= \sum_{i=1}^{n-1} \sum_{j=i+1}^{n} \left(a_{ij} \frac{v_j}{v_i}\right) + \sum_{j=1}^{n-1} \sum_{i=j+1}^{n} \left(a_{ij} \frac{v_j}{v_i}\right) + n$$

$$= \sum_{i=1}^{n-1} \sum_{j=i+1}^{n} \left(y_{ij} + \frac{1}{y_{ij}}\right) + n \tag{4.40}$$

ただし，$y_{ij} = a_{ij} \dfrac{v_j}{v_i}$ である。(4.40) 式は

$$\lambda_{\max} = 1 + \frac{1}{n} \sum_{i=1}^{n-1} \sum_{j=i+1}^{n} \left(y_{ij} + \frac{1}{y_{ij}}\right)$$

$$\lambda_{\max} - 1 = \frac{1}{n} \sum_{i=1}^{n-1} \sum_{j=i+1}^{n} \left(y_{ij} + \frac{1}{y_{ij}}\right)$$

となる。ここで

$$y_{ij} + \frac{1}{y_{ij}} - 2 = \frac{1}{y_{ij}} \left(y_{ij}^2 - 2y_{ij} + 1\right)$$

$$= \frac{1}{y_{ij}} \left(y_{ij} - 1\right)^2 > 0$$

であるから，$y_{ij} + \dfrac{1}{y_{ij}} \geq 2$ となる．したがって，上式から次の不等式が得られる．
$$\lambda_{\max} - 1 \geq \frac{1}{n} \cdot 2 \cdot \frac{n(n-1)}{2} = n - 1$$
よって，$\lambda_{\max} \geq n$ が成り立つ．

参考文献

[1] T. L. Saaty: The Analytic Hierarchy Process, McGraw-Hill, 1980.

[2] G. Crawford and C. A. Williams: A note on the analysis of subjective judgement matrices, *Journal of Mathmatical Psychology*, Vol.29, pp.387–405, 1985.

[3] A. Arbel: Approximate articulation of preference and priority derivation, *European Journal of Operational Research*, Vol.43, pp.317–326, 1989.

[4] K. Sugihara and H. Tanaka: Interval Evaluations in the Analytic Hierarchy Process by Possiblity Analysis, *An International Journal of Computational Intelligence*, Vol.7, No.3, pp.567–579, 2001.

[5] K. Sugihara, H. Ishii and H. Tanaka: Interval Priorities in AHP by Interval Regression Analysis, *European Journal of Operational Research*, Vol.158, No.3, pp.745–754, 2004.

[6] 田中英夫・杉原一臣：ラフ近似による双対的数理モデル，日本ファジィ学会誌（特集解説），Vol.13, No.6, pp.592–599, 2001.

[7] 田中英夫・円谷友英・杉原一臣：意思決定における区間評価手法，日本知能情報ファジィ学会誌（解説），Vol.17, No.4, pp.406–412, 2005.

[8] H. Tanaka and P. Guo: Possibilistic Data Analysis for Operations Research, Physica-Verlag (A Springer-Verlag Company), Heidelberg, 1999.

[9] D. Dubois and H. Prade: Systems of Linear Fuzzy Constraints, *Fuzzy Sets and Systems*, Vol.3, pp.37–48, 1980.

[10] Z. Pawlak: Rough sets, *International Journal of Information Computer Sciences*, Vol.11, No.5, pp.341–356, 1982.

[11] Tomoe Entani, Kazutomi Sugihara, Hideo Tanaka: Interval Weights in AHP by Linear and Quadratic Programming, *Fuzzy Economic Review*, Vol.10, No.2, pp.3–11, 2005.

第5章

DEA（包絡分析法）

　包絡分析法（DEA：Data Envelopment Analysis）は，1978 年に Charnes, Cooper, Rhodes らにより発表された論文に端を発す[1]。日本では，刀根薫氏のオペレーションズ・リサーチ学会誌の連載に始まり，同氏により 1993 年に体系的に紹介され[2]，2000 年には応用事例も多数紹介されている[3]。DEA は，事業体の効率性を平均的に測るのではなく，各々の優れた点に着目して相対的に測る手法である。効率性の評価と聞いて，まず思いつくのが，工場の生産効率性，企業の経営効率性，部署の運営効率性などであろう。こういった組織の効率性は，生産量や利益などが投資に見合っているかに注目して，コストパフォーマンス（利益/費用）という明瞭な指標を用いて評価することができる。DEA は，このような経営学・経済学の領域でも効力を発揮することから，広く活用されている。これらとは少し性質が異なるものに，自治体，図書館，学校，病院，NPO・NGO といった非営利の組織などがある。これらは，利益や生産量といった指標に馴染まないため，その効率性の評価がときに難しい。しかしながら，何の客観的評価も受けずに運営されることは，あまり望ましいことではない。DEA のルーツを探ると「学校の教育成果の効率性」を推定しようという試みにたどりつき，ここでは，コストパフォーマンスにそぐわない情報が扱われていた。金額や量ベースの評価にとどまらず，広い意味での組織の効率性を測る方法として，DEA は有効であり，応用範囲のさらなる広がりが期待できる。また，平均的なものの見かたをするのではなく，優れたところに着目する点が新しく，同類同士の比較から導かれる結果は，評価される対象にとっても受け入れやすい。

それでは簡単に，効率値を導く DEA の考えかたを説明する．評価対象の効率性は，その投入に対する産出の比（コストパフォーマンス）で測る．すなわち，少ない投入で多く産出できているほど，効率性は高い．たとえば，コンビニエンスストアの経営効率性を測るとすると，投入（広い意味でのコスト）にあたる項目が，賃貸料などのいわゆる固定費1つだけということは珍しく，従業員数や店舗面積といった他の項目も考慮する必要があるのが一般的である．このように複数の投入項目を扱わなければならないとき，各項目にウエイトをかけて合計し，ひとまとめにして仮想入力とする．産出（広い意味でのパフォーマンス）にあたる項目も，売上額，来客数など，いくつも考えられ，投入項目と同様にこれらをひとまとめにして，仮想出力とする．したがって，対象の効率性は，仮想出力の仮想入力に対する比で表される効率値により測られ，これが大きいほど効率性が高いと評価される．そして，同じような投入と産出を持つ対象（例ではコンビニエンスストア）が複数ある場合に，それぞれの効率性を相対的に比較することは自然な考えであろう．これが DEA で考えられている効率値のイメージである．さらに，投入・産出項目にかけるウエイトについて，もう少し詳しく述べる．たとえば，売上額に優れている店舗は，売上額のウエイトを，逆に来客数に優れている店舗は，来客数のウエイトを高くするほうが，それぞれの効率性が高くなるだろう．このように，どの項目を高く評価するのが好ましいかは，店舗ごとの特徴（長所や短所）により異なる．そこで，DEA では，ウエイトをあらかじめ固定せずに，評価対象ごとにその効率性が高くなるように決める．すなわち，評価対象にとって都合が良い効率値が得られるようにウエイトを決める．また，評価対象の売上額や来客数に，対応するウエイトを掛けた値は，効率値のうちの各項目が占める比重であり，その店舗の出力項目の特徴を示すものである．入力項目についても同じようなことがいえる．そして，個々の店舗の効率値は，その店舗の特徴を反映したウエイトを用いて測られる他のすべての店舗の効率値と相互比較することで決められる．

　DEA は，分析対象を，入力（投入）を出力（産出）に変換する過程とみな

して，その変換過程の効率性を測る手法といえる。効率性評価を対象の固有特性に合わせて行うという意味で，刷新的な考えかたである。分析対象を事業体（Decision Making Unit：DMU）と呼び，事業体はそれぞれのカテゴリごとに似た機能を持って活動している。事業体を評価するための項目（評価軸）は共通であるが，各項目がどの程度の比重を占めるか（評価軸の統合方法）には自由度がある。また，LP（線形計画）問題に帰着するので，その特徴として簡便さと応用範囲の潜在的な広がりがある。さらに，DEAを用いると優れた集団（効率的フロンティア）の存在が明示されるので，それらを基準とすることで，効率的ではないと判断される事業体の改善についても議論できる。

本章の構成は次のようになっている。5.1節で，多入力多出力システムにおける効率性の評価手法として，DEAの基本モデルを説明する[2]。現実問題では，取り扱えるデータが一意に定まっていることは珍しく，多くの場合は，多少のあいまいさを含んでいる。データを実数値とする代わりに，区間値とすることで，このようなあいまいさを取り扱う。そこで，5.2節では，区間データを用いて効率値を求めるモデルを説明する[4]。入出力データが区間値であるとき，その変動を反映して，効率値も区間値となる。さらに，5.3節は発展編として，各事業体にとって有利な立場からの評価（楽観的効率値）だけでなく，都合の悪い立場からの評価（悲観的効率値）も導入して，相対的な効率性を測る方法を説明する[4]~[6]。事業体の効率値は，それがどのような立場から評価されるかにより異なる。そこで，区間効率値として，さまざまな評価視点から得られる効率値をすべて含む区間値で表す。これは，可能性のある効率値をまとめたものである。5.3.1項では，この区間効率値を求める区間DEAモデルを簡単に説明し，5.3.2項では，入出力データを区間値へと拡張する[4]。最後の付録に，本文中で詳しく述べていない数式を説明する。

5.1 実数データによる効率値

DEA では，出力（仮想出力）の入力（仮想入力）に対する比を効率値として，事業体は，他のすべての事業体の入出力データから相対的に評価される。仮想入力（仮想出力）とは，入力（出力）項目ごとにウエイト付けして合計することで，多入力（多出力）をひとまとめにしたものである。このウエイトを評価対象となる事業体ごとに有利な立場から定め，効率値を求める点が特徴である。入出力関係の概念を図 5.1 に示す。表 5.1 に，6 種類の入出力関係を例示している。

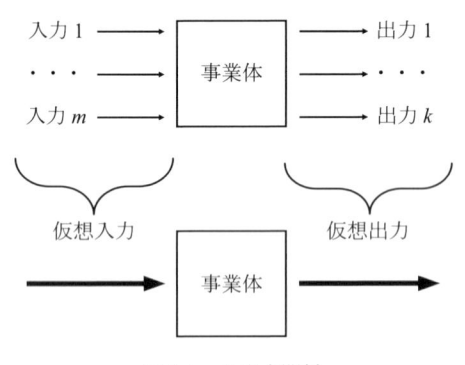

図 5.1　入出力関係

表 5.1　いろいろな入出力関係の例

事業体	入力	出力
〔例 1〕工場	稼働時間(時間), 従業員(人)	製品 A(kg), 製品 B(kg)
〔例 2〕支店	営業費(万円), セールスマン(人)	売上額(円), 顧客数(人)
〔例 3〕学生	勉強時間(時間)	数学(点), 国語(点)
〔例 4〕畑	作付面積(ha), 労働者数(人)	作物 A(kg), 作物 B(本)
〔例 5〕スーパー	売場面積(m^2), 従業員(人)	売上額(円), 来客数(人), 取扱商品数(点)
〔例 6〕病院	医師(人), 看護士(人)	外来患者(人), 入院患者(人), 手術(件)

たとえば，〔例1〕のように（事業体，入力1，入力2，出力1，出力2）を（工場，稼働時間，従業員，製品A，製品B）とすると，稼働時間と従業員に対する製品A，Bの生産量から，工場の生産効率性を測ることができる。〔例2〕では支店の営業効率性，〔例3〕では学生の勉強効率性，〔例4〕では畑の生産効率性，〔例5〕ではスーパーの運営効率性，〔例6〕では病院の運営効率性を知ることができる。このように，いろいろな種類の効率性を測る問題に適用することができる。ここからは，表5.2に示す架空の図書館に関するデータを用いて，その運営効率性を測る問題を仮定して，DEAの考えかたを説明していく。例題では，（事業体，入力1，出力1，出力2）は（図書館，面積，登録者数，貸出冊数）である。

表5.2 図書館の効率性評価用の実数データと効率値

事業体 図書館	実数データ 入力1: x_1 面積(百m²)	出力1: y_1 登録者数(千人)	出力2: y_2 貸出冊数(千冊)	変換：単位面積あたり(図5.2) 入力1 面積	出力1 登録者数	出力2 貸出冊数	効率値: θ_0^* （実数値）
A	20	20	160	1	1	8	1.000
B	30	60	90	1	2	3	0.522
C	20	40	120	1	2	6	0.824
D	50	150	150	1	3	3	0.652
E	30	90	210	1	3	7	1.000
F	10	40	20	1	4	2	0.696
G	50	200	250	1	4	5	0.957
H	10	50	20	1	5	2	0.826
I	30	180	60	1	6	2	0.957
J	20	140	20	1	7	1	1.000

まずは，入力が1項目であることに着目して，表5.2の右から2，3列目のように，単位面積あたりの登録者数と貸出冊数に変換し（図書館Aの場合，入力1 = 20/20 = 1，出力1 = 20/20 = 1，出力2 = 160/20 = 8），これを図5.2の◆印で示す。表5.2の右端の列の効率値は，図5.2の縦横2軸（単位面積あたりの登録者数と貸出冊数）を総合的に判断して，各図書館が相対的にどれくらい効率的といえるかを示しており，これを求める方法は順を追って説明

する。たとえば

〔評価視点1〕 登録者数（出力1，図5.2横軸）だけから評価すると
J＞I＞H＞F＝G＞E＝D＞C＝B＞A の順
〔評価視点2〕 貸出冊数（出力2，図5.2縦軸）だけから評価すると
A＞E＞C＞G＞B＝D＞F＝H＝I＞J の順
〔評価視点3〕 登録者数と貸出冊数の合計（図5.2点線）から評価すると
E＞A＝G＞C＝I＝J＞H＞D＝F＞B の順

となる。ここで，図書館Jに注目すると，登録者数からは高く評価されるが，貸出冊数からは低い評価しか得られず，合計からは中間的と評価されていることがわかる。図5.2に描かれているように，登録者数と貸出冊数に関する2つの属性で効率性を考えているので，これらをどのような重み（ウエイト）で評価するかが問題となる。先の3つの評価視点を，各評価項目にかける重みの比（登録者数：貸出冊数）で表すと，〔評価視点1〕のとき（1：0），〔評価視点2〕のとき（0：1），〔評価視点3〕のとき（1：1）となる。

図5.2の点線は，〔評価視点3〕の考えかたを示している。登録者数と貸出冊

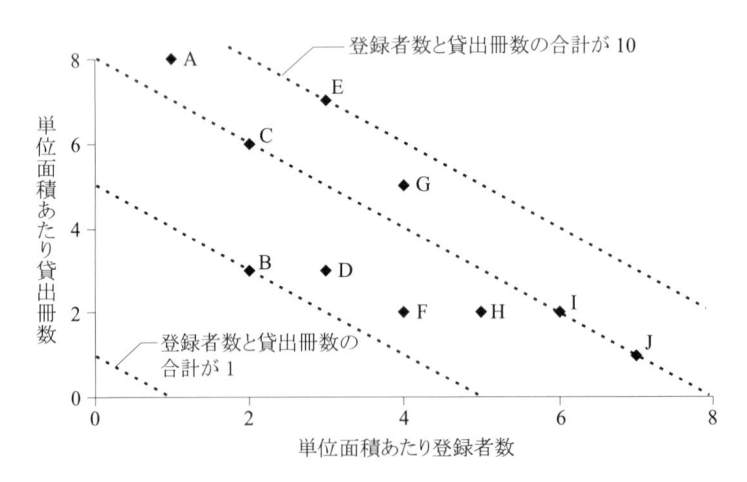

図5.2 単位面積あたりの登録者数と貸出冊数（図書館の効率性）

数の合計が1となる直線が最も左下の点線で，これが右上に移動するにしたがって，その合計は大きくなり，効率性が高くなる。図5.2にある4本の点線の傾きはどれも等しく，最初にデータと交わるのはBを通るときで，表5.2より2出力の合計は5である。次に，C, I, Jを通る点線はデータの中間あたりにあり合計は8，さらに，データと最も右上で交わるのはEを通るときで，その合計は10となる。これらは，先に示した〔評価視点3〕による図書館の順序に一致する。この考えに基づくと，〔評価視点1〕では縦軸に平行な直線で，〔評価視点2〕では横軸に平行な直線で説明できる。これら以外にも，2つの評価軸の統合方法（ウエイトの付けかた）により，いろいろな傾きの直線が考えられる。図書館Jなど，図5.2で右側に位置する図書館にとっては，〔評価視点1〕のような縦軸に平行な直線を用いた捉えかたに近い，登録者数だけ，または，この比重を高くするような評価視点が有利な立場からの評価といえる。これに対して，図書館Aなど，図5.2で上側にある図書館にとって有利な立場からの評価は，横軸に平行な直線を用いる〔評価視点2〕に近い，貸出冊数の比重を高くする場合である。このように図書館ごとの特徴により，それが高く評価されるウエイトのありかたは異なる。DEAは，例示したような評価視点のいずれかに固定するのではなく，評価される図書館ごとにその特徴を活かした評価視点から柔軟な評価を行う手法である。

　図5.3で，10個の図書館集合の端にある3つの図書館A, E, Jを結んだ実線は，これより外側に生産可能な事業体が存在しない境界で，この内側を生産可能集合と呼ぶ。これは，たとえば，2つの図書館A, Eがあるならば，その中間的なC′も存在することを仮定している。境界上の3つの図書館A, E, Jは，先に図5.2で考えた点線のかわりに，ある傾きの直線を用いると，それと最も右上で交わる。すなわち，対応するウエイトを用いれば最も優れていると評価され，他に優越されない（非劣：右上側には図書館がない）という意味で効率的といえる。この境界を効率的フロンティアと呼び，これは効率的な事業体の線形結合であり，中間的な事業体も含めて線上にあれば効率的となる。また，効率的フロンティアの内側にある図書館B, D, Fなどは，どのような傾き

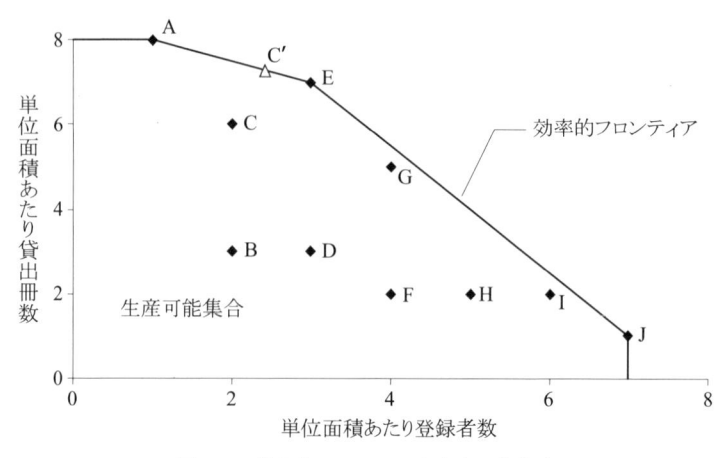

図5.3 効率的フロンティアと生産可能集合

の直線を用いようとも，その直線と最も右上で交わることはない。これらは，どんなウエイトを用いても，さらに優れた図書館が存在するので，他に優越されているという意味で効率的であるとはいえない。効率的の定義については，後でもう一度述べる。

効率性は，出力1，2両方の入力1に対する何らかの比で測られるが，その比は対象ごとに決められるので，事前に入出力項目への重み（評価関数）をあらかじめ定める必要はない。また，回帰分析で行われるように，平均的な視点から測りかたを決めることもしない。出力1，2をともに考慮して他の事業体と相対的に評価するが，各項目へのウエイト付けには自由度がある。この方法は，評価される事業体にとっても公平感があり，受け入れやすい考えかたであろう。

簡単な1入力2出力の場合は，図5.3を用いて直感的に理解することができる。これを多入出力の場合に拡張すると，DEAは以下のように定式化される。

〔目的関数〕　評価対象となる事業体について，出力項目値のウエイト付け合計（仮想出力）の入力項目値のウエイト付け合計（仮想入力）に対する比を最大化する

〔制約条件1〕 すべての事業体について，仮想出力の仮想入力に対する比を1以下とする

〔制約条件2〕 入出力ウエイトは正（0以上）とする

　〔目的関数〕より，効率値は評価対象となる事業体ごとに，有利な立場からのウエイトを用いて求められる。また，〔制約条件1〕より，そのウエイトを用いて他の事業体の効率性も測ることで，相対的な評価が行われて，効率値は1を超えない（最大値が1）。したがって，効率的とは，効率値が1となることと定義される。そして，効率値が1より小さくなる事業体は効率的とはいえない。さらに，効率値を出力の入力に対する比で表していることから，入出力データとして用いるための前提条件は，すべて正であることと，同じ出力ならば入力は小さいほうが，同じ入力ならば出力は大きいほうが効率的といえることである。たとえば，工場の生産効率性を測るための1つの出力項目として，不良品率のような小さいほうが優れている値を扱う場合は，（1－不良品率）として良品率に変換したり，（1/不良品率）として逆数をとったりして，大きいほうが望ましくなるように事前にデータ変換が必要となる。その他，名義データやアンケートの選択肢番号などを取り扱うには，その意味から数値化し直すといった工夫がいる。

　ここで，効率値を求めるモデルを定式化するため，いくつかの記号を説明しておく。その効率性を測ろうとしている評価対象となる事業体は，DMU_oのように添え字oで表し，その他のDMUと区別する。事業体の数はn個，入出力項目の数はそれぞれm，k個として，与えられる入出力データは，m次元入力データ $X \in \Re^{m \times n}$ とk次元出力データ $Y \in \Re^{k \times n}$ である。

$$X = [\boldsymbol{x}_1, \cdots, \boldsymbol{x}_n] = \begin{bmatrix} x_{11} & \cdots & x_{1n} \\ \vdots & \ddots & \vdots \\ x_{m1} & \cdots & x_{mn} \end{bmatrix}, \quad Y = [\boldsymbol{y}_1, \cdots, \boldsymbol{y}_n] = \begin{bmatrix} y_{11} & \cdots & y_{1n} \\ \vdots & \ddots & \vdots \\ y_{k1} & \cdots & y_{kn} \end{bmatrix}$$

(5.1)

ただし，x_{ij} は DMU$_j$ の i 番目の入力値を表している。これらの各要素はすべて正で，入力は小さくなるほど，出力は大きくなるほど効率的といえる順序関係が成り立っている。たとえば，出力が同じで $x_{11} \geq x_{12}$ ならば，入力 1 に関して DMU$_2$ のほうが DMU$_1$ よりも優れており，また，入力が同じで $y_{11} \geq y_{12}$ ならば，出力 1 に関して DMU$_1$ のほうが DMU$_2$ よりも優れているという関係を満たしていなければならない。この順序関係が成り立たないデータを用いることはできず，収集したデータそのものがこれを満たさないときは，適宜データを変換するなど取り扱いに注意が必要となる。

評価対象となる事業体 DMU$_o$ の効率性，すなわち効率値 θ_o^* を求める DEA の基本モデルは，先の〔目的関数〕と〔制約条件 1〕〔制約条件 2〕から次のようになる。

$$\theta_o^* = \max_{u,v} \frac{u^t y_o}{v^t x_o} \qquad (5.2)$$
$$\text{s.t.} \quad \frac{u^t y_j}{v^t x_j} \leq 1, \quad j = 1, \cdots, n$$
$$u \geq 0$$
$$v \geq 0$$

この問題での決定変数は，入力ウエイトベクトル v と出力ウエイトベクトル u で，これらにより複数の入力項目と出力項目がそれぞれひとまとめにされる。また，各入力値と対応するウエイトの積の和

$$v^t x_o = \sum_{i=1}^{m} v_i x_{io} = v_1 x_{1o} + \cdots + v_m x_{mo}$$

が仮想入力で，同様に，$u^t y_o$ が仮想出力である。各項目の比重は，その項目値と対応するウエイトの積で表される。そして，これらの比（仮想出力/仮想入力）が効率値で，有利な立場から評価するため，評価対象 DMU$_o$ について相対的に最大化する。

(5.2) 式では，決定変数 u，v が分母と分子の両方にあるため，最適解が無限に存在する。この分数計画問題は，目的関数の分母を 1 に制限することで，次

のLP（線形計画）問題に変形できる。

$$\theta_o^* = \max_{u,v} u^t y_o \qquad (5.3)$$
$$\text{s.t.} \quad v^t x_o = 1$$
$$u^t y_j - v^t x_j \leq 0, \quad j = 1, \cdots, n$$
$$u \geq 0$$
$$v \geq 0$$

これは，評価対象 DMU$_o$ の効率値を $u^t y_o$ であるとし，これを相対的に最大にする問題といえる。LP問題 (5.3) 式を解いて得られる最適解が評価対象 DMU$_o$ の特徴を反映した入出力ウエイトであり，最適目的関数値がその効率値である。2つ目の制約条件で $j = o$ のとき，$u^t y_o \leq 1$ となるので，効率値は1を超えない。よって，効率値が最大1 ($\theta_o^* = 1$) となる事業体が効率的であり，1より小さい ($\theta_o^* < 1$) 事業体は効率的であるとはいえない。

表 5.2 の例題では，$m = 1$，$k = 2$，$n = 10$ であり，この場合の (5.1) 式と (5.3) 式を次に書き表す。

- (5.1) 式　$X = [1, 1, \cdots, 1]$, $Y = \begin{bmatrix} 1, 2, \cdots, 7 \\ 8, 3, \cdots, 1 \end{bmatrix}$
- (5.3) 式　DMU$_o$ = DMU$_B$（図書館 B の効率値）

$$\theta_B = \max_{u_1, u_2, v_1} 2u_1 + 3u_2 \qquad (5.4)$$
$$\text{s.t.} \quad 1v_1 = 1$$
$$(1u_1 + 8u_2) - 1v_1 \leq 0 \text{ (A)}$$
$$\cdots \text{ (B, C, D, E, F, G, H, I)}$$
$$(7u_1 + 1u_2) - 1v_1 \leq 0 \text{ (J)}$$
$$v_1, u_1, u_2 \geq 0$$

※ 各入力の場合は入力ウエイトも変数となるが，ここでは，入力がすべて1なので，$v_1 = 1$ となり，変数は u_1, u_2 となる。
※ LP問題 (5.4) 式の図式解法は付録 (1) を参照のこと。

ここで，(5.4)式を図5.4を使って説明する。まずは，制約条件について考える。AからJに対応する10個の制約条件は，$y_1 u_1 + y_2 u_2 \leq 1$ の形をしている。したがって，制約条件が満たされるのは，傾きが $-u_1/u_2$ の直線が，図中10個の点すべてよりも右上にある場合となる。たとえば，Aを通る横軸に平行な一点鎖線，AEを通る点線，EJを通る実線などである。(5.4)式で変数 u_1, u_2 を決めることは，このような直線の傾きを決めることに言い換えることができる。次に，目的関数について考える。目的関数値（効率値）は，評価対象となる点を通る直線が，これと同じ傾きで制約条件を満たす直線と比較したとき，どの程度であるか（0〜1）を表している。いま，B (2,3) についての最大化なので，制約条件を満たす直線は，同じ傾きでBを通る直線と最も近くなるように決めればよい。先に挙げた，制約条件を満たす3本の直線を比べると，EJを通る実線が，同じ傾きでBを通る直線に最も近い。具体的には

EJ を通る実線のとき
$$\begin{cases} 3u_1 + 7u_2 = 1 \text{ (E)} \\ 7u_1 + u_2 = 1 \text{ (J)} \end{cases}$$
$(u_1, u_2) = (3/23, 2/23)$ 傾き $-3/2$
$\theta_B = 12/23 = 0.522$

AE を通る点線のとき
$$\begin{cases} u_1 + 8u_2 = 1 \text{ (A)} \\ 3u_1 + 7u_2 = 1 \text{ (E)} \end{cases}$$
$(u_1, u_2) = (1/17, 2/17)$ 傾き $-1/2$
$\theta_B = 8/17 = 0.471$

A を通る横軸に平行な一点鎖線のとき
$$\begin{cases} u_1 + 8u_2 = 1 \text{ (A)} \\ 8u_2 = 1 \text{ (点 (0,8))} \end{cases}$$
$(u_1, u_2) = (0, 1/8)$ 傾き 0
$\theta_B = 3/8 = 0.375$

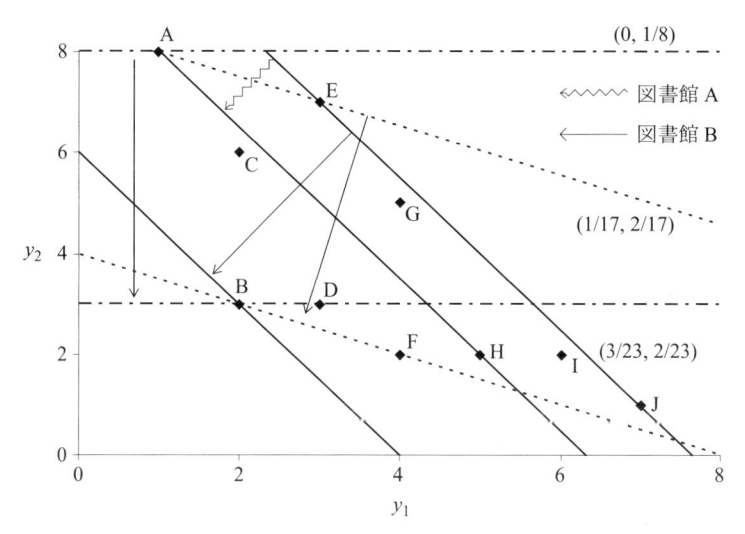

図 5.4 (5.4)式の制約条件と目的関数

となる。よって，図書館 B の効率値は，図書館 E，J との比較から 0.522 となる。

さらに，図 5.4 を使って，図書館 A の効率値についても考えてみる。制約条件は (5.4) 式と変わらず，目的関数が A (1, 8) の最大化 $\max_{u_1, u_2} 1u_1 + 8u_2$ となる。A を通る一点鎖線と点線は，どちらも制約条件を満たしており，A に最も近いといえ，どちらの場合からも効率値は明らかに 1 となる。具体的には，A を通る一点鎖線の傾き 0，$(u_1, u_2) = (0, 1/8)$ から，AE を通る点線の傾き $-1/2$，$(u_1, u_2) = (1/17, 2/17)$ までならば，$\theta_A = 1$ となる。このように効率値が 1 となる場合は，最適解が唯一に決まらないことに注意する。ちなみに，図書館 B で用いた EJ を通る実線は，同じ傾きで A を通る直線よりも上側に離れていて，$(u_1, u_2) = (3/23, 2/23)$，$\theta_A = 19/23 = 0.826 < 1$ となる。

表 5.2 のデータを用いて，各図書館について，(5.3) 式を解いて得られる効率値を表 5.2 の右端の列（エクセルソルバーによる計算例は第 6 章参照）に，全順序関係を図 5.5 に示す。効率値が 1 となり，効率的であると評価されるの

```
        A,E,J
         │
        G,I
         │
         H
         │
         C
         │
         F
         │
         D
         │
         B
```

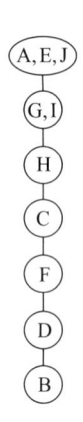

図 5.5 効率値による全順序関係（実数データ）

は，図書館 A，E，J の 3 つで，これらに次いで，図書館 G，I の効率値が 0.95 以上と比較的大きい。図 5.3 の効率的フロンティアから遠ざかるほど効率値は小さくなっており，図から直感的に得られる評価と一致している。

ここから少し，効率値が 1 より小さい事業体の効率性改善について考える。効率値は出力の入力に対する比なので，これを最大 1 まで上げるには，計算上は，入力を減らしたり，出力を増やしたりすればよい。しかしながら，たとえば，表 5.1 の〔例 3〕の入力である勉強時間を減らすよう努力することや，〔例 6〕の出力である入院患者数や手術数をむやみに増やすのは，得策とはいえない。また，〔例 4〕の入力である作付面積や，〔例 5〕の売場面積を減らすことは物理的にほぼ不可能である。現実の問題では，増減させることが望ましくなかったり，不可能であったりする入出力項目もあることに留意する。図書館の効率性の場合も，その面積を減らすことは事実上不可能なので，出力にあたる登録者数と貸出冊数を増やす方向で改善を考えていく（図 5.6）。図書館 C の効率値 0.824 を 1（効率的）にするには，たとえば，出力 1，出力 2 をともに約 1.21（= 1/0.824）倍して，図 5.6 上で C'(2.4, 7.3) とすればよい。面積 20 百 m^2 を考慮すると，登録者数が約 48 千人で，貸出冊数は約 146 千冊となる。これは数学的にわかりやすい 1 つの効率性改善のアプローチであるが，他にも

[第5章] DEA（包絡分析法） 83

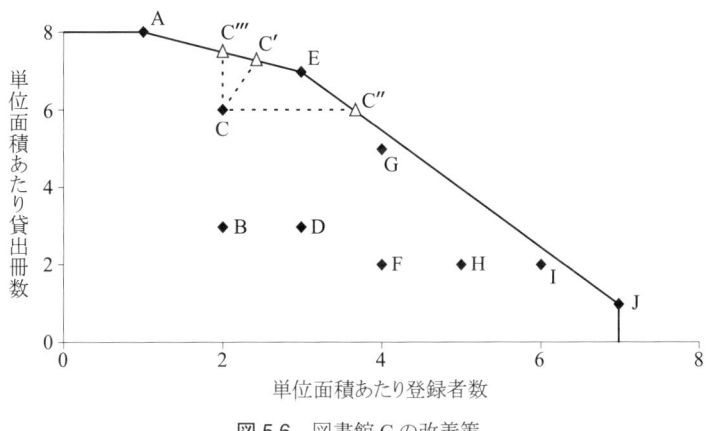

図 5.6 図書館 C の改善策

さまざまな角度から改善策を考えることができる。図書館 C は，図 5.6 で上寄りにあるので，どちらかといえば貸出冊数に優れた図書館といえる。このことは，図書館 C の効率値を決めるにあたって，貸出冊数の比重が高くなっていることにも反映されている。すなわち，(5.3) 式の最適解（出力ウエイト）が $(u_1, u_2) = (0.0588, 0.1176)$ であり，最適目的関数値（効率値）が $\theta_C = 2u_1 + 6u_2 = 0.118 + 0.706 = 0.824$ となり，効率値は貸出冊数によるところが大きい。これより図書館 C は，貸出冊数を確保するのに適した環境だろうと推測でき，登録者数と貸出冊数の両方を増やそうとするよりも，登録者数は 40 千人を維持したまま，貸出冊数を約 150 千冊に増やすことに焦点を絞って対策を練るほうが取り組みやすいかもしれない（図 5.6 の C‴ (2, 7.5)）。また，逆に，十分ではない可能性がある登録者数を約 74 千人まで増やす策のほうが必要とされているのかもしれない（図 5.6 の C″ (3.7, 6)）。このように効率値を指標にした事業体の活動改善は，実際問題の条件や制約に応じて，いろいろな角度から考えなければならない。

5.2 区間データによる効率値

　一般に収集されるデータは，だいたいの値であったり，時間や条件によりつねに変動していたりする．本節では，このようなあいまいさを区間値として取り扱い，区間データを用いて効率値を求めるモデルを考えていく．たとえば，登録者数は，新規登録や引っ越しなどによる変更に左右され，貸出冊数は1日のうちでも貸出や返却が繰り返されてつねに変化しており，正確な数を把握することが難しい．このような状況を反映するため，一定期間の最小と最大から構成される区間データを用いる．これを表5.3に示す．本章では，区間値の表示に，第2章でいう区間型を用いて，区間値 $[\underline{a}, \overline{a}]$ は，$\underline{a}$ から $\overline{a}$ までの値をとる可能性があることを表している．区間出力データを5.1節と同様に，単位面積あたりに変換して，図5.7では，その可能性を四角で描いている．データの変動が大きいほど，その四角は大きくなる．

　入出力データが区間値であるとき，これらから算出される効率値も，そのデータの変動を反映すれば区間値となる．この効率値の結果は表5.3の右端の列に示されており，これを求める手順を説明する．区間データの範囲内のどの値を用いたとき，効率値が最大（上限）や最小（下限）になるのだろうか．た

表5.3　図書館の効率性評価用の区間データと効率値

事業体 図書館	区間データ			変換：単位面積あたり(図5.7)			効率値：$[\underline{\theta}_o^*, \overline{\theta}_o^*]$ (区間値)
	入力1：x_1 面積(百m^2)	出力1：$[\underline{y}_1, \overline{y}_1]$ 登録者数(千人)	出力2：$[\underline{y}_2, \overline{y}_2]$ 貸出冊数(千冊)	入力1 面積	出力1 登録者数	出力2 貸出冊数	
A	20	[16, 24]	[150, 170]	1	[0.8, 1.2]	[7.5, 8.5]	1.000
B	30	[54, 66]	[72, 108]	1	[1.8, 2.2]	[2.4, 3.6]	[0.419, 0.634]
C	20	[34, 46]	[114, 126]	1	[1.7, 2.3]	[5.7, 6.3]	[0.729, 0.923]
D	50	[125, 175]	[135, 165]	1	[2.5, 3.5]	[2.7, 3.3]	[0.529, 0.786]
E	30	[84, 96]	[201, 219]	1	[2.8, 3.2]	[6.7, 7.3]	[0.969, 1.000]
F	10	[38, 42]	[18, 22]	1	[3.8, 4.2]	[1.8, 2.2]	[0.616, 0.782]
G	50	[170, 230]	[235, 265]	1	[3.4, 4.6]	[4.7, 5.3]	[0.809, 1.000]
H	10	[47, 53]	[15, 25]	1	[4.7, 5.3]	[1.5, 2.5]	[0.703, 0.962]
I	30	[168, 192]	[51, 69]	1	[5.6, 6.4]	[1.7, 2.3]	[0.831, 1.000]
J	20	[134, 146]	[16, 24]	1	[6.7, 7.3]	[0.8, 1.2]	1.000

とえば，図書館 G の効率値が最大となるのは，表 5.4 の右側 2 列（図 5.7 の◆印の座標）を用いたときで，反対に最小となるのは，表 5.4 の左側 2 列（図 5.7 の□印の座標）を用いたときである．表 5.4 で選択される出力値は，図書館 G

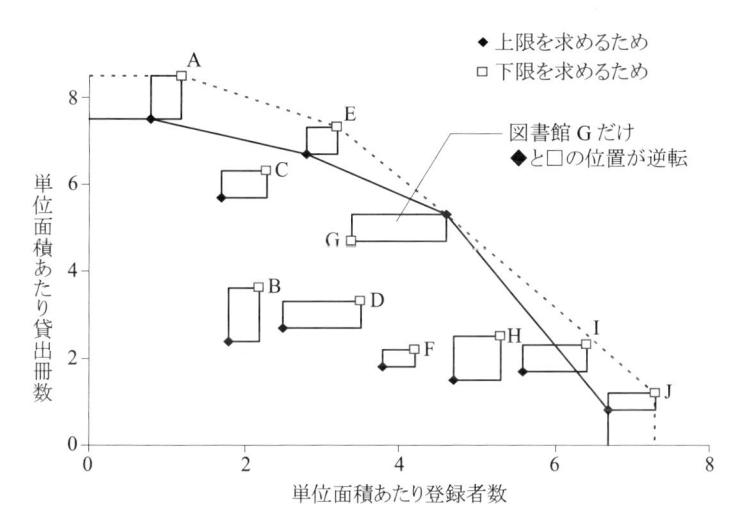

図 5.7 区間データと図書館 G の効率値（区間値）を求める端点

表 5.4 図書館 G の効率値の上限と下限を求めるための出力値の選択

	下限を求めるため：図 5.7 □		上限を求めるため：図 5.7 ◆	
	出力 1	出力 2	出力 1	出力 2
A	1.2	8.5	0.8	7.5
B	2.2	3.6	1.8	2.4
C	2.3	6.3	1.7	5.7
D	3.5	3.3	2.5	2.7
E	3.2	7.3	2.8	6.7
F	4.2	2.2	3.8	1.8
G	**3.4**	**4.7**	**4.6**	**5.3**
H	5.3	2.5	4.7	1.5
I	6.4	2.3	6.0	1.7
J	7.3	1.2	6.7	0.8

※図書館 G 以外は上限　　　※図書館 G 以外は下限

の効率値の上限を求めるためには，図書館 G の出力だけ上限で，他の図書館の出力は下限となる．また，その効率値の下限については，図書館 G の出力だけ下限で，他の図書館の出力の上限が選択される．図 5.7 で，◆印で表されている図書館 A，E，J の出力の下限と図書館 G の出力の上限を結んだ実線は，図書館 G の効率値の上限を求める際の効率的フロンティアで，□で表されている図書館 A，E，J の出力の上限を結んだ点線が，図書館 G の効率値の下限を求める際の効率的フロンティアであり，効率的フロンティアから遠ざかるほど，効率値は小さくなる．具体的な計算方法は後で説明するが，図書館 G の効率値は，この 2 つの場合から得られる効率値を端点とする区間値 [0.809, 1.000] となる．

効率値を区間値として求めるモデルを定式化するために，(5.1) 式の各要素を区間値に置き換えて，入出力区間データ X, Y を次のように表す．

$$X = \left[[\underline{x}_1, \overline{x}_1], \cdots, [\underline{x}_n, \overline{x}_n]\right] \tag{5.5}$$
$$\text{ただし } \overline{x}_j = [\overline{x}_{1j}, \cdots, \overline{x}_{mj}]^t, \ \underline{x}_j = [\underline{x}_{1j}, \cdots, \underline{x}_{mj}]^t$$
$$Y = \left[[\underline{y}_1, \overline{y}_1], \cdots, [\underline{y}_n, \overline{y}_n]\right]$$
$$\text{ただし } \overline{y}_j = [\overline{y}_{1j}, \cdots, \overline{y}_{kj}]^t, \ \underline{y}_j = [\underline{y}_{1j}, \cdots, \underline{y}_{kj}]^t$$

ただし，区間値 $[\underline{x}_{ij}, \overline{x}_{ij}]$ は，DMU$_j$ の i 番目の入力を表している．ここから先，区間値のどちらの端点であるかを，記号 – を値 a の上下に付記することで区別し，上限には $\overline{a}$ を，下限には $\underline{a}$ を用いる．

入出力データが区間値であっても，効率値は，$\underline{x}_j \leq x_j \leq \overline{x}_j$, $\underline{y}_j \leq y_j \leq \overline{y}_j$ を満たす実数値 x_j, y_j から計算する．区間値の範囲内のどの実数値を用いるかにより，さまざまな効率値が考えられるので，これらをすべて包含する区間値 $[\underline{\theta}_o^*, \overline{\theta}_o^*]$ で効率値を表す．この区間値の上下限（端点）を決めるデータの選択方法に着目する．

効率値は (5.2) 式で定義され，LP 問題 (5.3) 式を解いて求められる（5.1 節）．いま，(5.3) 式の入出力データが区間値であるとして，まずは，効率値の上限を

決める対象ごとの実数データ選択を考える．効率値の上限は，区間入出力データの変動を反映したときの最大効率値なので，(5.3)式の目的関数値を大きくする実数値を区間値の範囲内から選択する．具体的には，目的関数 $u^t y_o$ より，評価対象 DMU_o については，区間出力の上限が適当であり，制約条件 $v^t x_o = 1$ より，区間入力はその下限が適当である．また，その他の対象 $DMU_{j \neq o}$ については，制約条件 $u^t y_{j \neq o} - v^t x_{j \neq o} \leq 0$ による解空間を広くするため，区間入力の上限と区間出力の下限が適当である．これらは，評価対象 DMU_o にとって都合の良いデータの組み合わせであるといえる．表 5.5 に，効率値の上下限を求めるために用いられるデータをまとめている．この実数データの組み合わせを (5.3) 式に代入する．

$$\overline{\theta}_o^* = \max_{u,v} u^t \overline{y}_o \tag{5.6}$$

$$\text{s.t.} \quad v^t \underline{x}_o = 1$$

$$u^t \overline{y}_o - v^t \underline{x}_o \leq 0$$

$$u^t \underline{y}_j - v^t \overline{x}_j \leq 0, \quad j \neq o$$

$$u \geq 0$$

$$v \geq 0$$

表 5.5 区間データの取り扱いかた：データの選択

効率値(区間効率値)の上限を求めるために

都合の良いデータ	評価対象 DMU_o	その他 $DMU_{j \neq o}$
入力	下限 $\underline{x}_o$	上限 $\overline{x}_{j \neq o}$
出力	上限 $\overline{y}_o$	下限 $\underline{y}_{j \neq o}$

効率値(区間効率値)の下限を求めるために

都合の悪いデータ	評価対象 DMU_o	その他 $DMU_{j \neq o}$
入力	上限 $\overline{x}_o$	下限 $\underline{x}_{j \neq o}$
出力	下限 $\underline{y}_o$	上限 $\overline{y}_{j \neq o}$

次に，効率値の下限 $\underline{\theta}_o^*$ は，区間入出力データの変動を反映したときの最小効率値なので，(5.3) 式の目的関数値を小さくする実数値を選択する．上限の場合と同じような流れで考え，表 5.5 に従い，評価対象にとって都合が悪い立場からの実数データの組み合わせを (5.3) 式に代入する．

$$\underline{\theta}_o^* = \max_{u,v} \; u^t \underline{y}_o \qquad (5.7)$$
$$\text{s.t.} \quad v^t \overline{x}_o = 1$$
$$u^t \underline{y}_o - v^t \overline{x}_o \leq 0$$
$$u^t \overline{y}_j - v^t \underline{x}_j \leq 0, \quad j \neq o$$
$$u \geq 0$$
$$v \geq 0$$

効率値の下限は，評価対象となる事業体の区間入力の上限と区間出力の下限，その他の DMU の区間入力の下限と区間出力の上限から求められる．

入出力データが区間値で与えられるとき，その変動を反映して，効率値は，(5.6) 式から上限が，(5.7) 式から下限が決まる区間値 $[\underline{\theta}_o^*, \overline{\theta}_o^*]$ で表される．

ここで，図書館 G について，(5.6) 式と (5.7) 式を次に書き表す．効率値の上下限を決めるためには，表 5.5 に従って選択された表 5.4 の出力値（実数値）が用いられる．

- (5.6) 式　$\text{DMU}_o = \text{DMU}_G$（図書館 G の効率値の上限）

$$\overline{\theta}_G^* = \max_{u_1, u_2, v_1} (4.6 u_1 + 5.3 u_2)$$
$$\text{s.t.} \quad 1 v_1 = 1$$
$$(4.6 u_1 + 5.3 u_2) - 1 v_1 \leq 0 \; (\text{G})$$
$$(0.8 u_1 + 7.5 u_2) - 1 v_1 \leq 0 \; (\text{A})$$
$$\cdots (\text{B, C, D, E, F, H, I})$$
$$(6.7 u_1 + 0.8 u_2) - 1 v_1 \leq 0 \; (\text{J})$$
$$u_1, u_2, v_1 \geq 0$$

- (5.7)式　$DMU_o = DMU_G$（図書館 G の効率値の下限）

$$\underline{\theta}_G^* = \max_{u_1,u_2,v_1} (3.4u_1 + 4.7u_2)$$

s.t.　　$1v_1 = 1$

　　　　$(3.4u_1 + 4.7u_2) - 1v_1 \leq 0$ (G)

　　　　$(1.2u_1 + 8.5u_2) - 1v_1 \leq 0$ (A)

　　　　$\cdots$ (B, C, D, E, F, H, I)

　　　　$(7.3u_1 + 1.2u_2) - 1v_1 \leq 0$ (J)

　　　　$u_1, u_2, v_1 \geq 0$

　表5.3の区間出力データを用いて得られる効率値の区間値を同表の右端の列に示す（エクセルソルバーによる計算例は第6章参照）。ここで得られる区間値は，評価対象を有利な立場から評価するとき，区間出力データの変動を反映した効率値である。第2章(2.17)式で定義されている区間の順序関係（大小関係）を用いると，事業体の半順序関係は図5.8のようになる。ここでは，2つの事業体DMU_AとDMU_Bの効率値をそれぞれ区間値$[\underline{\theta}_A^*, \overline{\theta}_A^*]$と$[\underline{\theta}_B^*, \overline{\theta}_B^*]$とするとき，$\underline{\theta}_B^* \leq \underline{\theta}_A^*$と$\overline{\theta}_B^* \leq \overline{\theta}_A^*$がともに満たされるときのみ，$DMU_A$の効率値は$DMU_B$の効率値より大きい，すなわち，$DMU_A$は$DMU_B$より効率的であると言う。

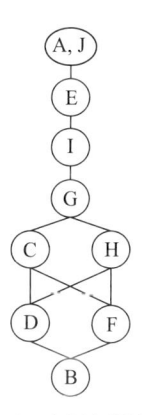

図 5.8　効率値による半順序関係（区間データ）

効率値の上限が1となるのは，5つの図書館A, E, G, I, Jで，その下限が大きい順に並べるとA＝J＞E＞I＞Gとなり，図書館A, Jは効率値の上下限がともに1である．これらは，どんな立場からのデータを用いても，言い換えれば，最悪の状態であったとしても，効率的である．これに対して，図書館E, G, Iの下限は1より小さく，状況により少し低く評価される可能性があるといえる．表5.2のように実数データのとき，効率値が1となる図書館A, E, Jに差異を見いだすことはできない（図5.5）が，表5.3のように区間データとして，その変動を考慮すると，図書館Eは，その下限から，図書館A, Jと比べると少し劣っていることがわかる（図5.8）．また，図書館C, Hと図書館D, Fは，状況により効率値の順序が入れ替わるため，どちらかが明らかに優れているとはいえない関係にあることもわかる．

　さて，データが区間値となるのはどのような場合であろうか．過去の株価表示には，たとえば月単位で考えるとき，月平均株価だけでなく，その月の最低株価と最高株価により区間株価が用いられることも多い．他にも，スーパーやコンビニエンスストア，レストランなどの従業員数は，曜日や時間帯によって異なるし，1日あたりの売上額も日々変化している．近年のコンピュータの普及により，ホームページの閲覧者数など，時々刻々と変化している値が容易に収集されるようになり，それらを取り扱う機会も増えている．自動車の走行距離やガソリンの使用量，発電所の発電量などは，時間とともに変化するだけでなく，おおよその量を知ることはできても，正確な量を測ることが難しい場合もある．このような情報は，一定期間内での時系列変動を反映して，その最大値と最小値から区間値で表すことができる．また，アンケートを用いて情報を収集するとき，その選択肢として区間値が用いられることも多いだろうし，複数の回答者から異なる情報が得られたならば，データに幅を持たせることでひとまとめにして表すことも自然であろう．本節で示したモデルでは，事前処理によりデータを実数値へと変換する必要はなく，現実に収集される情報をそのまま区間データとして用いることができる．そして，得られる効率値は，与えられる入出力データの変動を反映した区間値となる．

5.3 発展編

5.3.1 実数データを用いた区間効率値
（楽観的効率値と悲観的効率値）

DEA の 1 つの強みは，相対的な比較から，入出力ウエイトを固定せずに，評価対象ごとに固有のウエイトを用いる点である。ここまで扱ってきた効率値は，(5.2) 式のように入出力ウエイトに関する最大化問題として定義され，つねに評価対象にとって有利な立場からの評価（楽観的効率値）を考えていた。本節では，有利な立場からの評価にこだわらず，他の立場からの評価も考えてみる。すなわち，評価対象にとって不利な立場からの評価（悲観的効率値）までも考慮する。すると，たとえ入出力データが実数値であっても，評価する立場の違いからさまざまな相対的評価が可能であることに気付く。このような評価視点のあいまいさを反映して，いろいろな評価視点で得られる効率値をひとまとめにすることで，効率値を区間値で表すことができる。これを区間効率値と呼び，そのモデルを区間 DEA と呼ぶ。5.2 節では，区間データの変動を反映して，効率値を区間値で求めたが，ここでは，評価する立場の可能性を考慮した区間効率値を求める。たとえば，図書館 E を不利な立場から評価するならば，その苦手分野である登録者数（出力 1, 図 5.3 横軸）に着目して，それが最も優れている図書館 J と比較することで，その悲観的効率値は 3/7 = 0.429 となる。図書館 E の区間効率値は，有利と不利の両極端の立場から得られる評価により，区間値 [0.429, 1.000] となる。

区間効率値を定義するための準備として，5.1 節の DEA の基本モデル (5.2) 式を変形する。改めて (5.2) 式を見てみると，入出力ウエイトを変数として，全対象の仮想出力の仮想入力に対する比を 1 以下にするという条件〔制約条件 1〕の下，評価対象の同様の比〔目的関数〕が最大化されている。この制約条件

$$\frac{u^t y_j}{v^t x_j} \leq 1, \; j = 1, \cdots, n \quad \text{は} \quad \max_j \frac{u^t y_j}{v^t x_j} = 1$$

と考えられ，(5.2) 式は次の分数計画問題で書ける。

$$\theta_o^* = \max_{u,v} \frac{\dfrac{u^t y_o}{v^t x_o}}{\max_j \dfrac{u^t y_j}{v^t x_j}} \quad (5.8)$$

$$\text{s.t.} \quad u \geq 0$$
$$v \geq 0$$

相対的評価を行うための〔制約条件 1〕が

$$\frac{評価対象の（出力/入力）}{他の対象の（出力/入力）の最大}$$

のように目的関数の分母として取り込まれている。分数計画問題 (5.8) 式の最適目的関数値は (5.2) 式と一致するので，これは効率値の別の形式での定義といえる（付録 (2) 参照）。

ここで (5.8) 式の目的関数に注目する。

$$\theta_o = \frac{\dfrac{u^t y_o}{v^t x_o}}{\max_j \dfrac{u^t y_j}{v^t x_j}} \quad (5.9)$$

ただし，入出力データ x_j, y_j は実数値（表 5.2）とする。これは，評価対象 DMU_o の他の対象 DMU_j に対する比なので，相対的評価による効率値を表しているといえる。

ここからは，この比 (5.9) 式を DMU_o の相対的効率値と考え，これまで考えていた入出力ウエイトに関する最大化に加えて，最小化も考える。入出力ウエイトをいろいろと変化させることにより，それに対応した評価視点からの効率値が得られる。そして，それらを包括的に捉えることで，区間効率値とする。

まず，この区間効率値の上界は，これまで同様に (5.9) 式の入出力ウエイトに関する最大化 (5.8) 式で表され，これは (5.2) 式と等しいので，実際は LP 問題 (5.3) 式を解けばよい。入出力ウエイトに関する最大化により，評価対象にとって有利な立場からの評価を表すことから，これを楽観的効率値と呼ぶ。

これに対して，区間効率値の下界は，逆に不利な立場からの評価なので，悲観的効率値と呼び，(5.9) 式を入出力ウエイトに関して最小化する。この問題は，次のように書ける。

$$\theta_{o*} = \min_{u,v} \frac{\dfrac{u^t y_o}{v^t x_o}}{\max_j \dfrac{u^t y_j}{v^t x_j}} \quad (5.10)$$
$$\text{s.t.} \quad u \geq 0$$
$$\quad v \geq 0$$

ただし，この分数計画問題を解く詳細は付録 (3) に示される。この悲観的効率値は，最低限保証されている効率性を示しているので，単独で評価指標として用いることもできる。

区間効率値を，その下界が悲観的効率値 θ_{o*} で，上界が楽観的効率値 θ_o^* となる区間値 $[\theta_{o*}, \theta_o^*]$ として定義する。どちらの立場からの評価であるかを，記号 $*$ を効率値 θ の上下に付記することで区別し，有利な立場からの楽観的効率値には θ^* を，不利な立場からの悲観的効率値には θ_* を用いる。

ここで，図書館 E について，悲観的効率値 (5.10) 式を次に書き表す。

- (5.10) 式　$DMU_o = DMU_E$（図書館 E の区間効率値の下界の例）

$$\begin{aligned}\theta_{E*} &= \min_{u_1,u_2,v_1} \frac{\dfrac{3u_1 + 7u_2}{1v_1}}{\max\left\{\dfrac{1u_1 + 8u_2}{1v_1}, \dfrac{3u_1 + 3u_2}{1v_1}, \cdots, \dfrac{7u_1 + 1u_2}{1v_1}\right\}} \\ &= \min_{u_1,u_2,v_1} \frac{3u_1 + 7u_2}{\max\{1u_1 + 8u_2, 3u_1 + 3u_2, \cdots, 7u_1 + 1u_2\}} \\ &\text{s.t.} \quad u_1, u_2, v_1 \geq 0\end{aligned} \quad (5.11)$$

　※ 多入力の場合は入力ウエイトも変数となるが，ここでは，入力が1つで1なので，$v_1 = 1$ となり，変数は u_1, u_2 となる。

この (5.11) 式を図 5.9 を使って説明する。(5.11) 式の目的関数の分母分子は，$u_1 y'_1 + u_2 y'_2 = \alpha_j$ のように表される。たとえば，$(u_1, u_2) = (1, 0)$（出力 1：登録者数のみ，縦軸に平行な一点鎖線）ならば，J (7, 1) を通るとき，$\alpha_J = 7$ で最大となるので，これが分母となる。分子は，評価対象である E (3, 7) を通るときで，$\alpha_E = 3$ となり，目的関数値はその比 $\alpha_E/\alpha_J = 3/7$ となる。同様に，$(u_1, u_2) = (0, 1)$（出力 2：貸出冊数のみ，横軸に平行な点線）ならば，A (1, 8) を通るとき $\alpha_A = 8$ が最大となり，E を通るときは $\alpha_E = 7$ なので，$\alpha_E/\alpha_A = 7/8$ となり，$(u_1, u_2) = (1/2, 1/2)$（平均，実線）ならば，E を通るとき $\alpha_E = 10$ で最大となるので，$\alpha_E/\alpha_E = 1$ となる。このようにウエイトをさまざまに変化させて得られる効率値の最小値が (5.11) 式の最適目的関数値であり，$\theta_{E*} = 3/7 = 0.429$ となる。ただし，目的関数の分母分子ともに決定変数 u_1, u_2 を含むので，最適解（出力ウエイト）は唯一には定まらない。また，いろいろなウエイトから得られる効率値の最大値 $\theta_E^* = 1$ は，(5.8) 式の最適目的関数値であり，DEA の基本モデル (5.3) 式（5.1 節）と一致する。したがって，図書館 E の区間効率値は，区間値 [0.429, 1.000] となる。

表 5.2 のデータを用いて，不利な立場から評価した場合の悲観的効率値 θ_{O*}

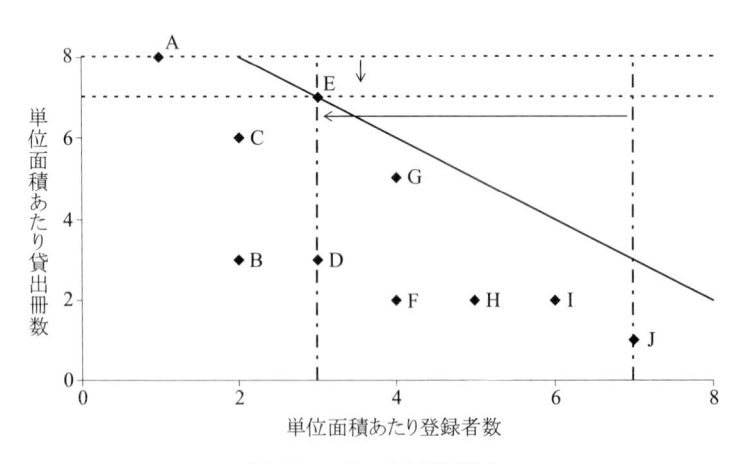

図 5.9 いろいろな評価視点

を求め，楽観的効率値 θ_o^* とあわせた区間効率値 $[\theta_{o*}, \theta_o^*]$ を表 5.6 に示す。そして，第 2 章で定義され，5.2 節でも用いた区間の順序関係（大小関係）に基づいた半順序関係を図 5.10 に示す。図 5.10 より，区間効率値を用いると，図書館 E, G よりも大きな区間効率値をとる図書館は存在せず，これらは他に優越されていない。区間 DEA では，これをもって効率的であると定義する。図書館 A, E, J の楽観的効率値はどれも 1 であるが，このうち図書館 A, J の区間効率値の下界は 0.15 に満たない小さな値となり，最低限保証されている効率性が低いことがわかる。これは，図書館 A は，貸出冊数に特化していて登録

表 5.6 実数データ (x_j, y_j) による区間効率値
（悲観的効率値から楽観的効率値まで）

	区間効率値：$[\theta_{o*}, \theta_o^*]$
A	[0.143, 1.000]
B	[0.286, 0.522]
C	[0.286, 0.824]
D	[0.375, 0.652]
E	[0.429, 1.000]
F	[0.250, 0.696]
G	[0.571, 0.957]
H	[0.250, 0.826]
I	[0.250, 0.957]
J	[0.125, 1.000]

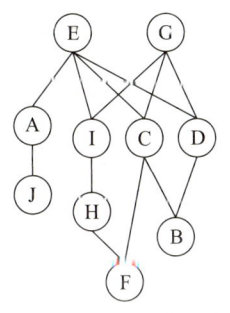

図 5.10 区間効率値による半順序関係（実数データ）

者数がきわめて少なく，図書館 J はその逆で，バランスがとれていない状態であるためである．区間効率値を用いると，図書館 A, J のようなデータに偏りがある特異な対象を発見することができる．これに対して，図書館 G は，上界は 0.957 と 1 には満たないものの十分であり，その下界は 0.571 と全対象のうち最大である．図書館 G は，有利な立場からだけの評価では見逃されてしまうが，評価視点にかかわらず，安定的に高い評価であるという意味で，効率的であるといえる．区間効率値により，いろいろな視点からの評価を包括的に数値化でき，この結果は，各対象が自らの全体の中での位置づけを知る上での良い材料となりうる．

さらに，得られた区間効率値を用いて，5.1 節と同じく，図書館 C の効率性改善を考えてみる．ここでも，面積を減らすことはせず，登録者数と貸出冊数を増加させることとする．まずは，有利な立場からの効率値（楽観的効率値，区間効率値の上界）を 1 にすることを基本とする．これに加えて，評価対象にとって不利な立場からの効率値（悲観的効率値，区間効率値の下界）もできるだけ大きくする．図書館 C の不利な立場からの評価が低くなる原因は，登録者数が少ないことにありそうである．したがって，図 5.6 の $C''(3.7, 6)$ が，1 つの改善目標となる．これは，現存する貸出冊数（120 千冊）を維持したまま，登録者数を約 74 千人まで増やすことを意味する．他の図書館のデータが変わらないとすると，C'' での区間効率値は $[0.524, 1.000]$ となる．ちなみに，両方とも増やした $C'(2.4, 7.3)$（登録者数約 48 千人，貸出冊数約 146 千冊）での区間効率値は $[0.347, 1.000]$，貸出冊数のみを増やした $C'''(2, 7.5)$（登録者数 40 千人，貸出冊数約 150 千冊）では $[0.286, 1.000]$ となる．楽観的効率値（区間効率値の上界）だけでなく，悲観的効率値（下界）を考慮することで，最低限保証されている効率性も高くて，偏りのない理想的な状態を目標として示すことができる．実際には，図書館 C が得意とする貸出冊数を強化する（C'''）ほうが，負荷が少ないかもしれないが，どんな立場から評価されても安定している状態（C''）は，現状にいくらかは変化を加えて改善する際の有効な指標となる．

5.3.2 区間データを用いた区間効率値

5.1 節の DEA の基本モデル (5.2) 式で，効率値 θ_o^* は出力の入力に対する比の入出力ウエイトに関する最大化として定義され，これは相対的効率値 (5.9) 式の最大化と捉えることもできる。5.2 節では，入出力データが区間値であるとき，その変動を考慮して，区間値の範囲内から適当な実数値を選択することで，効率値を区間値 $[\underline{\theta}_o^*, \overline{\theta}_o^*]$ で求めた。そして，5.1.3 項では，入出力データが実数値であっても，相対的効率値 (5.9) 式の入出力ウエイトに関する最大・最小化から，楽観的効率値 θ_o^* と悲観的効率値 θ_{o*} を求め，区間効率値 $[\theta_{o*}, \theta_o^*]$ で表した。本項のあいまいさには，楽観的・悲観的観点に代表される評価視点のあいまいさ (5.3.1 項) と，区間データの幅による変動というあいまいさ (5.2 節) の 2 種類がある。これらのあいまいさはどちらも効率値に反映することができる。さまざまな評価視点（入出力ウエイトの付けかた）を考慮するには，相対的効率値 (5.9) 式をもとにして，入出力ウエイトに関して最大・最小化し，また，入出力データの変動を考慮するには，区間値の範囲内から実数データの選択を行う。

この考えに従うと，入出力データが区間値であるときの区間効率値は，改めて区間値 $[\underline{\theta}_{o*}, \overline{\theta}_o^*]$ で得られる。その上下界は，相対的効率値 (5.9) 式を入出力ウエイトに関して最大化した (5.8) 式と最小化した (5.10) 式に，表 5.5 に従い選択された実数データを代入することで決まる。

具体的には，その上界 $\overline{\theta}_o^*$ は，評価対象にとって有利な立場からの楽観的効率値 (5.8) 式を，表 5.5 上段にある都合の良い実数データの組み合わせで計算する。

$$\overline{\theta}_o^* = \max_{u,v} \frac{\dfrac{u^t \overline{y}_o}{v^t \underline{x}_o}}{\max_j \dfrac{u^t \underline{y}_j}{v^t \overline{x}_j}} \tag{5.12}$$

$$\text{s.t.} \quad u \geq 0$$
$$\quad v \geq 0$$

これは，(5.8) 式が (5.2) 式，さらに LP 問題 (5.3) 式となるのと同様に，LP 問題 (5.6) 式に変形される。

また，その下界 $\underline{\theta}_{o*}$ は，評価対象にとって不利な立場からの悲観的効率値 (5.10) 式を，表 5.5 下段にある都合の悪いデータの組み合わせで計算する。

$$\underline{\theta}_{o*} = \min_{u,v} \frac{\dfrac{u^t \underline{y}_o}{v^t \overline{x}_o}}{\max_j \dfrac{u^t \overline{y}_j}{v^t \underline{x}_j}} \quad (5.13)$$

s.t. $u \geq 0$
$v \geq 0$

これは，(5.10) 式と同じ方法で解くことができる（付録 (3) 参照）。

表 5.3 の区間出力データを用いて求められる区間効率値を表 5.7 の左から 2 列目に示す。(5.12) 式と (5.13) 式から上下界を決めた区間効率値は，評価視点の可能性（有利な立場から不利な立場まで）と，データの可能性（都合の良いデータから悪いデータまで）の両方を考慮している。

表 5.7　区間データ $([x_j, \overline{x}_j], [y_j, \overline{y}_j])$ による区間効率値と楽観的・悲観的効率値（区間値）

	区間効率値（区間値） $[\underline{\theta}_{o*}, \overline{\theta}_o^*]$	悲観的効率値（区間値） $[\underline{\theta}_{o*}, \overline{\theta}_{o*}]$	楽観的効率値（区間値） $[\underline{\theta}_o^*, \overline{\theta}_o^*]$
A	[0.110, 1.000]	[0.110, 0.179]	1.000
B	[0.247, 0.634]	[0.247, 0.328]	[0.419, 0.634]
C	[0.233, 0.923]	[0.233, 0.343]	[0.729, 0.923]
D	[0.318, 0.786]	[0.318, 0.440]	[0.529, 0.786]
E	[0.384, 1.000]	[0.384, 0.478]	[0.969, 1.000]
F	[0.212, 0.782]	[0.212, 0.293]	[0.616, 0.782]
G	[0.466, 1.000]	[0.466, 0.687]	[0.809, 1.000]
H	[0.176, 0.962]	[0.176, 0.333]	[0.703, 0.962]
I	[0.200, 1.000]	[0.200, 0.307]	[0.831, 1.000]
J	[0.094, 1.000]	[0.094, 0.160]	1.000

さらに，ここで，区間効率値の下界である (5.10) 式による悲観的効率値 $\theta_{\mathrm{o}*}$ に着目する。これは，評価対象にとって不利な立場からの評価であり，最低限保証されている効率性を示していることから，単独でも評価指標として活用することができる。いま，入出力データが区間値ならば，5.2 節で楽観的効率値が区間値 $[\underline{\theta}_{\mathrm{o}}^{*}, \overline{\theta}_{\mathrm{o}}^{*}]$ で得られるのと同様に，悲観的効率値も区間値 $[\underline{\theta}_{\mathrm{o}*}, \overline{\theta}_{\mathrm{o}*}]$ で得られる。その上下限は，悲観的効率値 (5.10) 式に入出力データの変動を考慮して，区間値の範囲内から選択した実数データを代入することで決まる。悲観的効率値の下限は，表 5.5 下段にある評価対象にとって都合の悪いデータの組み合わせから (5.13) 式となり，上限は上段にある都合の良いデータの組み合わせから次のように書ける。

$$\overline{\theta}_{\mathrm{o}*} = \min_{u,v} \frac{\dfrac{u^t \overline{y}_{\mathrm{o}}}{v^t \underline{x}_{\mathrm{o}}}}{\max_j \dfrac{u^t \underline{y}_j}{v^t \overline{x}_j}} \tag{5.14}$$

$$\text{s.t.} \quad u \geq 0$$
$$\quad v \geq 0$$

表 5.7 の右から 2 列目に，区間入出力データを用いて (5.13) 式と (5.14) 式から決まる悲観的効率値の区間値 $[\underline{\theta}_{\mathrm{o}*}, \overline{\theta}_{\mathrm{o}*}]$ を示し，隣に，5.2 節の (5.6) 式と (5.7) 式から決まる楽観的効率値の区間値 $[\underline{\theta}_{\mathrm{o}}^{*}, \overline{\theta}_{\mathrm{o}}^{*}]$ を並べている。本項前半で求めた区間入出力データを用いて得られる区間効率値 $[\underline{\theta}_{\mathrm{o}*}, \overline{\theta}_{\mathrm{o}}^{*}]$ は，楽観的効率値の区間値の上限 $\overline{\theta}_{\mathrm{o}}^{*}$ と悲観的効率値の区間値の下限 $\underline{\theta}_{\mathrm{o}*}$ からなることがわかる。

付録

(1)　(5.4) 式の図式解法

(5.4) 式の変数 u_1，u_2 をそれぞれ横軸と縦軸にして，A～J に対応する制約条件を図 5.11 に描く。制約条件を満たす変数 u_1，u_2 の実行可能解領域は，10

本すべての左下側であり，A, E, J による 3 制約条件の太線で囲まれる部分となる。そして，目的関数も，直線で描くと，その傾きは対応する制約条件の傾きに等しい。(5.4) 式は，B についての最大化なので，最適解は，B の傾きの直線が可能解領域と最も上で交わる点，すなわち E, J による制約条件の 2 直線の交点となる。したがって，最適解は $(u_1, u_2) = (3/23, 2/23)$ で，目的関数値は $\theta_B = 12/23 = 0.522$ となる。

さらに，図書館 A の効率値について考えてみる。制約条件は変わらないので，変数 u_1, u_2 の実行可能解領域は図 5.11 に等しい。ただし，目的関数は A についての最大化 $\max 1u_1 + 8u_2$ となる。A による制約条件は実行可能解領域を構成する一部なので，A の効率値は 1 となることがわかる。最適解は，この線上で，縦軸と交わる点 $(u_1, u_2) = (0, 1/8)$ から，A, E の制約条件による 2 直線の交点 $(u_1, u_2) = (1/17, 2/17)$ までであり，いずれの場合も目的関数値は $\theta_A = 1$ となる。このように目的関数値（効率値）が 1 となるときは，その最適解（入出力ウエイト）は唯一には定まらない。

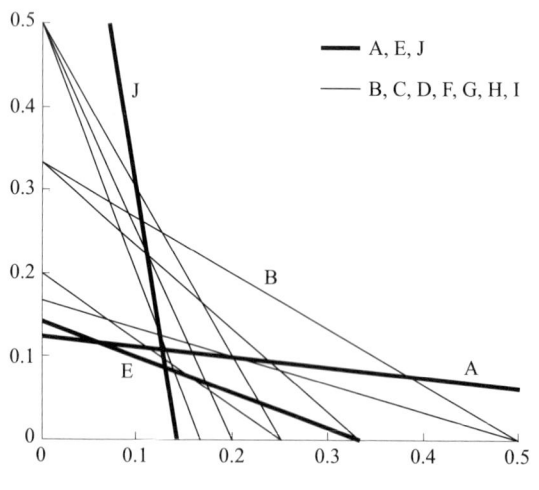

図 5.11　(5.4) 式が表す実行可能解の領域

(2)　(5.8) 式と (5.2) 式の最適目的関数値は等しい

(5.8) 式の目的関数の分母を 1 として，制約条件に加えると，次のように変形できる。

$$\theta_o^* = \max_{u,v} \frac{u^t y_o}{v^t x_o} \qquad (5.15)$$
$$\text{s.t.} \quad \max_{j} \frac{u^t y_j}{v^t x_j} = 1$$
$$u \geq 0$$
$$v \geq 0$$

したがって，これより，(5.15) 式の最適目的関数値 $\theta_o^{*(5.15)}$ と，(5.2) 式の最適目的関数値 $\theta_o^{*(5.2)}$ が等しいことを示す。(5.2) 式と (5.15) 式の制約条件を比較すると，入出力ウエイト変数が，出力の入力に対する比の最大を 1 とする (5.15) 式を満たすならば，すべての対象で 1 以下とする (5.2) 式も満たす。よって，その目的関数値には，$\theta_o^{*(5.2)} \geq \theta_o^{*(5.15)}$ の関係がある。ここで，(5.2) 式の最適解を $(u^{(5.2)}, v^{(5.2)})$ とし，$\alpha = \max_j \frac{u^{(5.2)t} y_j}{v^{(5.2)t} x_j} < 1$ とすると，$(\frac{1}{\alpha} u^{(5.2)}, v^{(5.2)})$ は (5.15) 式の可能解となり

$$\theta_o^{(5.15)} \geq \frac{\frac{1}{\alpha} u^{(5.2)t} y_o}{v^{(5.2)t} x_o} \geq \frac{u^{(5.2)t} y_o}{v^{(5.2)t} x_o} = \theta_o^{(5.2)}$$

が成り立つ。これより，$\theta_o^{(5.15)} = \theta_o^{(5.2)}$ となる。

(3)　(5.10) 式を解く

(5.10) 式の目的関数の分母を 1 にして変形する。

$$\theta_{o*} = \min_{u,v} \frac{u^t y_o}{v^t x_o} \qquad (5.16)$$

$$\text{s.t.} \quad \max_j \frac{u^t y_j}{v^t x_j} = 1$$
$$u \geq 0$$
$$v \geq 0$$

目的関数が最小化となっているため，1つ目の制約条件を $\frac{u^t y_j}{v^t x_j} \leq 1$ のように変換することはできない．そこで，区間効率値の上界が1となる事業体 $\{j \mid \theta_j^* = 1\}$ について $\frac{u^t y_j}{v^t x_j} = 1$ とみなし，さらにその目的関数の分母を1に制約して，LP問題に変換する．

$$\theta_{o*}^j = \min_{u,v} u^t y_o \tag{5.17}$$
$$\text{s.t.} \quad v^t x_o = 1$$
$$u^t y_j - v^t x_j = 0$$
$$u \geq 0$$
$$v \geq 0$$

各 DMU_j について，上のLP問題を解き，得られる目的関数値の最小値が(5.16)式の解となる．

$$\theta_{o*} = \min_{\{j \mid \theta_j^* = 1\}} \theta_{o*}^j$$

または，区間効率値の下界が苦手分野に着目した評価であることから，次のように直接求めることもできる．

$$\theta_{o*} = \min_{p,r} \frac{\dfrac{y_{po}}{x_{ro}}}{\max_j \dfrac{y_{pj}}{x_{rj}}} \tag{5.18}$$

これは，(5.10)式における入出力ウエイトベクトル u, v のそれぞれ p, r 番目の1要素だけが1で，その他の要素がすべて0となる場合である．すなわち，入出力項目から1つずつ特徴的な項目を選び出し，計算される効率値が区間効率値の下界である．

[第5章] DEA（包絡分析法）

ここで，図書館 E について，実数データ（表 5.2）を用いて，(5.17) 式と (5.18) 式を次に書き表す。

- (5.17) 式　$DMU_o = DMU_E$（図書館 E の区間効率値の下界）

全図書館のうち，区間効率値の上界（楽観的効率値）が 1 になるのは図書館 A, E, J なので，$j = A, E, J$ として，次の 3 つの LP 問題を解く。

$$\theta_{E*}^A = \min_{u_1, u_2, v_1} 3u_1 + 7u_2$$
$$\text{s.t.} \quad 1v_1 = 1$$
$$(1u_1 + 8u_2) - 1v_1 = 0$$
$$u_1, u_2, v_1 \geq 0$$

$$\theta_{E*}^E = \min_{u_1, u_2, v_1} 3u_1 + 7u_2$$
$$\text{s.t.} \quad 1v_1 = 1$$
$$(3u_1 + 7u_2) - 1v_1 = 0$$
$$u_1, u_2, v_1 \geq 0$$

$$\theta_{E*}^J = \min_{u_1, u_2, v_1} 3u_1 + 7u_2$$
$$\text{s.t.} \quad 1v_1 = 1$$
$$(7u_1 + 1u_2) - 1v_1 = 0$$
$$u_1, u_2, v_1 \geq 0$$

これらより，$\theta_{E*}^A = 7/8$，$\theta_{E*}^E = 1$，$\theta_{E*}^J = 3/7$ となり，区間効率値の下界は $\theta_{E*} = \min\{7/8, 1, 3/7\} = 3/7$ となる。

- (5.18) 式　$DMU_o = DMU_E$（図書館 E の区間効率値の下界）

$$\theta_{E*} = \min\left(\frac{\frac{y_{1E}}{x_{1E}}}{\max\left(\frac{y_{1A}}{x_{1A}}, \frac{y_{1B}}{x_{1B}}, \cdots, \frac{y_{1J}}{x_{1J}}\right)}, \frac{\frac{y_{2E}}{x_{1E}}}{\max\left(\frac{y_{2A}}{x_{1A}}, \frac{y_{2B}}{x_{1B}}, \cdots, \frac{y_{2J}}{x_{1J}}\right)}\right)$$

$$= \min\left(\frac{\frac{3}{1}}{\max\left(\frac{1}{1},\frac{2}{1},\cdots,\frac{7}{1}\right)}, \frac{\frac{7}{1}}{\max\left(\frac{8}{1},\frac{3}{1},\cdots,\frac{1}{1}\right)}\right) = \frac{3}{7}$$

参考文献

[1] Charnes, A., Cooper, W. W., Rhodes, E.: Measuring the Efficiency of Decision Making Unit, *European Journal of Operational Research*, 2, 429–444, 1978.
[2] 刀根薫：経営効率性の評価と改善 —包絡分析法 DEA による—，日科技連出版社，1993.
[3] 刀根薫・上田徹（監訳）：経営効率評価ハンドブック，朝倉書店，2000.
[4] Entani, T., Maeda, Y., Tanaka, H.: Dual Models of Interval DEA and Its Extension to Interval Data, *European Journal of Operational Research*, 136, 32–45, 2002.
[5] Entani, T., Tanaka, H.: Improvement of Efficiency Intervals Based on DEA by Adjusting Inputs and Outputs, *European Journal of Operational Research*, 172, 1004–1017, 2006.
[6] 田中英夫・円谷友英・杉原一臣：意思決定における区間評価手法，日本知能情報ファジィ学会誌，17-4, 406–412, 2005.

第6章

エクセルによる解法と例題

6.1 線形計画法

　前章までの解説で理解できるように，区間分析は広い分野で適用が可能である．とくに人間の感性と関係がある分野での今後の応用が期待される．したがって，この区間分析の手法を広く応用してもらうためには，誰もが利用できる身近なプログラム環境が必要である．その環境としてマイクロソフト社のエクセルに搭載されている分析ツールの1つである「ソルバー」機能がある．本章では，このエクセルの機能を用いた各区間分析の解法を紹介する．

　まず，その方法を説明する前に，区間分析で用いられている1次計画法の数学について概説する．1次計画法は一般的には線形計画法と呼ばれ，中学校や高等学校の数学の教科書にも載っている有名な手法である．その内容について，教科書にも用いられている簡単な例題で説明する．

　表 6.1 に示すように，鞄を製造している中堅メーカーの例題である．この店の主力商品は高級タイプの鞄と普及タイプの鞄で，毎週仕入れをしている原材料（金具板，化学繊維，牛革）を用いて利益を最大にするには，高級タイプと

表 6.1　材料の使用量と利益, 制約条件

材料	高級タイプ(X)	普及タイプ(Y)	制約条件
金具板	2 m	1 m	320 m
化繊	4 m	6 m	920 m
牛革	20 m	15 m	4000 m
利益	2万7000円	2万5000円	

普及タイプの各鞄をそれぞれどれだけ製造するのがよいかという問題である。

表6.1では具体的に高級タイプと普及タイプの各鞄を各1セット（10個）製造したときに必要な各材料と，その数量的な制約条件が示されている。なお，高級タイプの鞄を1セット製造したときの利益は2万7000円，普及タイプの鞄を1セット製造したときの利益は2万5000円である。

このとき，高級タイプの鞄の製造数をXセット，普及タイプの鞄の製造数をYセットとすると，制約条件は次の式となる。なお，両者ともマイナスの製造数は考えられないので，XとYは正の値（≥ 0）となる。

$$X \geq 0, \; Y \geq 0 \quad \cdots 正の値となる条件 \tag{6.1}$$

$$\left.\begin{array}{l} 2X + Y \leq 320 \\ 4X + 6Y \leq 920 \\ 20X + 15Y \leq 4000 \end{array}\right\} 制約条件 \tag{6.2}$$

他方，前述したように，高級タイプと普及タイプの鞄を各1セット製造したときの利益はそれぞれ2万7000円と2万5000円であるから，高級タイプの鞄をXセット，普及タイプの鞄をYセット製造したときに得られる利益（P）は次の式となる。

$$P = 27000X + 25000Y \tag{6.3}$$

つまり，正の値となる条件と制約条件を満たすXとYの組み合わせの中から，このPの値を最大にする組み合わせを求めることが目的である。このことから，この関数は目的関数と呼ばれている。

以上からわかるように，線形計画法とは，1次不等式で表される制約条件を満たす解の中から，1次式の目的関数の値を最大（または最小）にする値を求める方法である。もう少し抽象的な表現をすると，1次不等式の条件付きの最大最小問題である。

前述の(6.1)式から(6.3)式を図に描いて，利益が最大となる高級タイプのXと普及タイプのYの値を求めると図6.1のようになる。(6.1)式と(6.2)式の共

通範囲を求めると図 6.1 の灰色の部分になる。そして，破線の (6.3) 式を平行移動して，灰色の部分と接する点が求める X と Y 座標系の最大値 $(125, 70)$ になる。つまり，利益が最大となるのは高級タイプが 125 セットで普及タイプが 70 セットのときである。

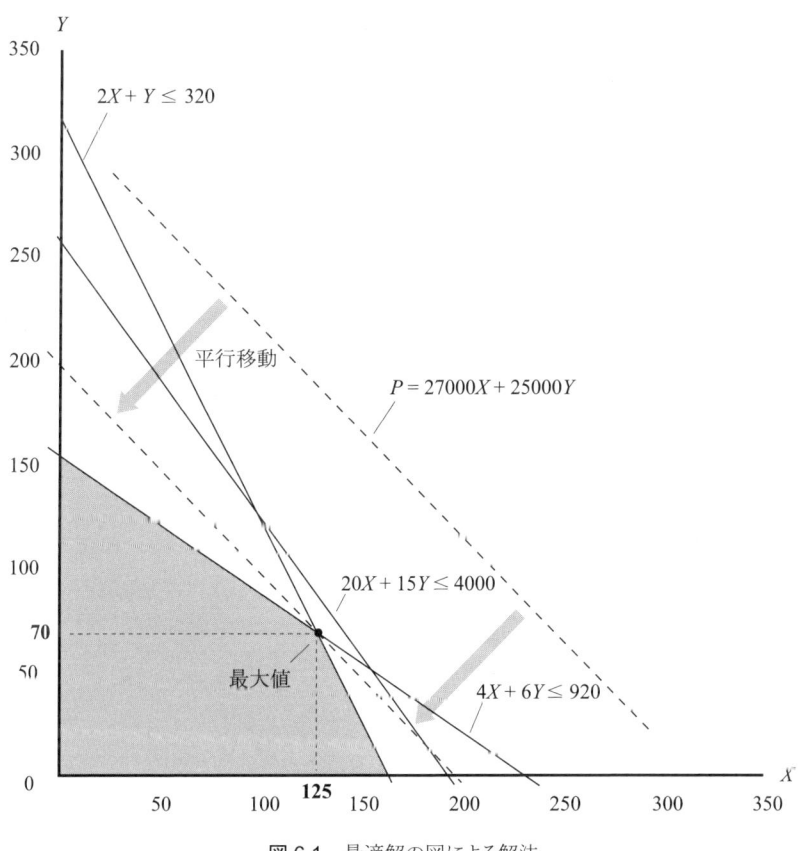

図 6.1 最適解の図による解法

6.2 エクセルのソルバー機能による解法

次に，この例題をエクセルに内蔵するソルバー機能で計算する。事前にソルバーのアドインを読み込むと，[データ] タブの [分析] 欄で [ソルバー] コマンド（後述の図 6.3 の右上端を参照）が利用できるようになる。なお，ソルバーのアドインの読み込み方法はエクセルの右端にある「Excel ヘルプ」などに譲る。また，以降の説明ではエクセル 2010 版を用いている。

「ソルバー」を選択（クリック）すると図 6.2 の設定画面が表示される。この設定画面を上から順に，例題と対応させながら説明する。

図 6.2　ソルバーのパラメーター設定画面

[第 6 章] エクセルによる解法と例題　　*109*

- 目的セル：利益 (6.3) 式の値
- 目標値：最大値（利益 (6.3) 式の最大化）
- 変数セル：高級タイプの製造数 X セットと普及タイプの製造数 Y セット
- 制約条件：製造数が正となる条件 (6.1) 式と原料に関する制約 (6.2) 式

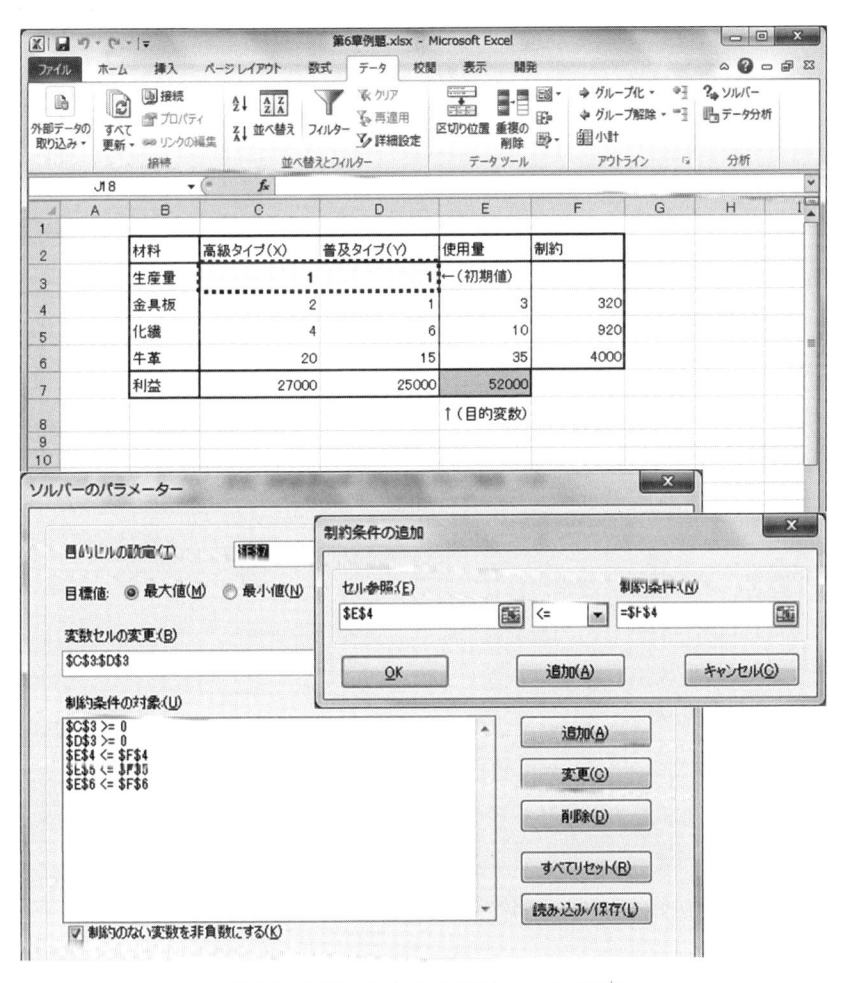

図 6.3　例題の入力表の画面とソルバー設定

準備として，与えられた情報（各タイプを1セット製造するのに必要な3種の原材料の量と利益）を入力し，製造量の初期値は $X = Y = 1$ とする。

このときの各原材料の使用量と利益を，E4～E7に次のような計算式で表す。

E4 =C4*C3+D4*D3（金具板の使用量）

E5 =C5*C3+D5*D3（化繊の使用量）

E6 =C6*C3+D6*D3（牛革の使用量）

E7 =C7*C3+D7*D3（利益）

次に，「ソルバー」のパラメーター設定作業を行う。まず，「目的セル」には目的関数の「E7」をクリックして入力する。そして，「目標値」は最大値に設定して，「変数セル」は初期値のC3とD3の範囲（図6.3の点線部）を選択して入力する。

制約条件の「追加」ボタンをクリックして，図6.3下段右に示す「制約条件の追加」の画面を表示する。最初に前述の(6.1)式である初期値の「C3 ≥ 0」 $(X ≥ 0)$ と「D3 ≥ 0」 $(Y ≥ 0)$ を入力する。次に，(6.2)式の3つの制約条件を入力する。セルで示すと，それぞれ「E4 ≤ F4」「E5 ≤ F5」「E6 ≤ F6」になる。その内容が図6.3下段左に示すパラメーター設定に記されている。

以上でパラメーター設定の作業が終わったので，図6.2の右下端の「解決」（エクセル2010版より前の版では「実行」）ボタンをクリックして，「ソルバー」の計算を実行する。計算が終わるとその旨のメッセージ（図6.4下段）が表示され，「OK」ボタンをクリックして終了となる。求める計算結果である高級タイプの X と普及タイプの Y の値は，図6.4上段に示すように，初期値の範囲に，それぞれC3とD3のセル（点線のセル内）に出力される。つまり，求める高級タイプの X は「125」セット，普及タイプの Y は「70」セットである。

ところで，(6.1)式の2つの制約条件と(6.2)式の3つの制約条件は，ソルバーのパラメーター設定内では，「$C$3:$D$3>=0」と「$E$4:$E$6<=$F$4:$F$6」のように，それぞれ1つの制約条件で入力することができる。それらの複数の範囲は，制約条件の追加の際に，対象セル範囲をドラッグして指定する。これ

から解説する各手法では，この複数指定方法を用いている。

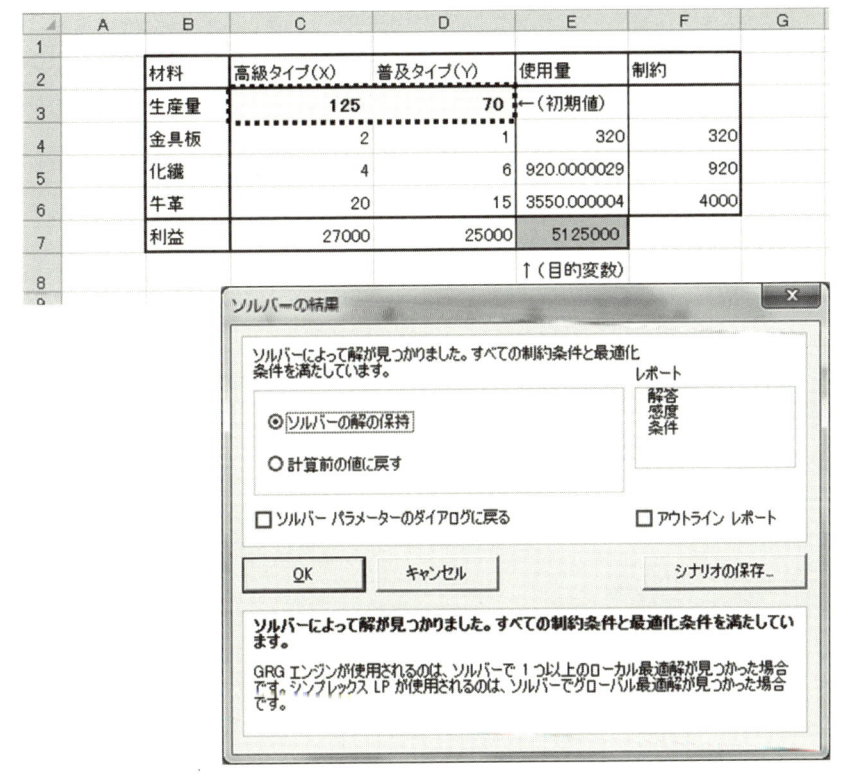

図 6.4 ソルバーの検索結果と例題の結果

6.3 区間回帰分析

第3章で述べたように，区間回帰分析は (3.22) 式に定式化されている。その内容を表 3.1 の例題を用いて，前述したソルバーのパラメーター設定画面に従い，具体的に以下で説明する（図 6.5）。

- 目的セル：推定区間の幅の総和 (3.21) 式→目的関数

112

- 目標値：最小値（推定区間の幅の総和 (3.21) 式の最小化）
- 変数セル：回帰係数 a_0（切片）と a_1，それぞれの中心と区間
- 制約条件：区間の値が非負であることと，出力変数 Y（目的変数）が入力変数 X（説明変数）から決まる推定区間の内側にあること (3.22) 式

準備として，与えられた情報（13 パターンの入力変数 X と出力変数 Y）を入力し，回帰係数 a_0 と a_1 の中心と区間の初期値は 1 とする。

このときの 13 個の出力変数に対する，推定区間の下端と上端は，次のような計算式で表せる。

- 推定区間の下端

    F20 =C20+C3*C21-(D20+C3*D21)　　（X_1 から決まる下端）
    F21 =C20+C4*C21-(D20+C4*D21)　　（X_2 から決まる下端）
    　　　　　　　⋮
    F32 =C20+C15*C21-(D20+C15*D21)　 （X_{13} から決まる下端）

- 推定区間の上端

    H20 =C20+C3*C21+(D20+C3*D21)　　（X_1 から決まる上端）
    H21 =C20+C4*C21+(D20+C4*D21)　　（X_2 から決まる上端）
    　　　　　　　⋮
    H32 =C20+C15*C21+(D20+C15*D21)　 （X_{13} から決まる上端）

- 推定区間の幅

    I20 =D20+C3*D21
    I21 =D20+C4*D21
    　　　　⋮
    I32 =D20+C15*D21

- 目的関数

    I34 =SUM(I20:I32)　　（13 個の推定区間の幅の合計）

次にパラメーター設定を行う。図 6.5 右側のパラメーター設定ダイアログを表示させて，上から「目的セル」に I34，「目標値」は最小値，「変数セル」には初期値 C20～D21 の範囲を指定する。そして制約条件欄には，「区間値が正の値」「下端 ≤ 目的変数」「目的変数 ≤ 上端」の 3 つの条件を追加入力する。すべての設定が終わったら右下の「解決」ボタンをクリックする。その計算結果が図 6.6 である。

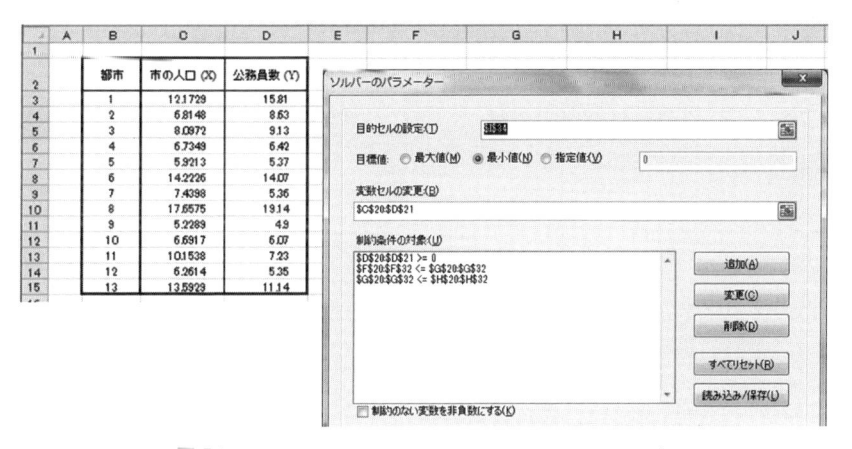

図 6.5　表 3.1 の入力画面とソルバーのパラメーター設定

図 6.6　表 3.1 のソルバー計算結果画面

表 3.1 の例題では求める回帰係数が 1 つなので，手作業でもワークシート上のセルの中に計算式を書き込むことは大きな負荷ではない．しかし，求める回帰係数の数が多くなると大変な作業になる．そこでデータの範囲をマウスで指定するだけで，自動的にワークシートへの書き込みとパラメーター設定およびソルバーの実行までができるように，エクセル内蔵の VBA (Visual Basic for Applications) でプログラム化した．なお，本ソフトの入手方法は章末に記してある．

その区間回帰分析のソフトの使用法を第 3 章の表 3.2 の例題で説明する．プログラムの実行方法は，図 6.7 に示すように［開発］タブの左端の［コード］欄にある［マクロ］コマンドで行う．なお，マクロ実行に必要な［開発］タブの設定方法はエクセルの右端にある「Excel ヘルプ」や市販の解説書に譲る．

表 3.2 の例題をワークシートに入力した後に，［マクロ］をクリックすると図 6.7 に示すマクロのダイアログが表示される．区間回帰分析のソフトを選択して実行すると，事前設定として，制約条件を追加するか否かの事前選択ダイアログが表示される．

初期設定として，制約条件の追加の可否は「いいえ」となっているが，表 3.2 の例題では「はい」を選択する．右下の「OK」ボタンをクリックするとデータ行列を指定するダイアログが表示されるので，ドラッグしてデータのセル範囲を指定する．このプログラムを実行すると図 6.8 の左上の中心と区間の範囲 (B4〜C8) がすべて「1」のものが表示される．なお，制約条件の追加をしない場合はソルバーまで自動的に実行される．

この状態でソルバーのパラメーター設定のダイアログを表示させて，中心の値を正の値にする制約条件を手作業で追加する．その追加したものが，図 6.8 のパラメーター設定ダイアログの中の制約条件の欄の 1 行目である．そしてソルバー計算を実行すると図 6.8 の計算内容が求められる．

ところで，区間回帰分析はその数学的な背景から，少ないデータを対象にしている．そのため，人の感性研究の代表であるデザイン評価に適した手法といえる．実際の製品デザイン評価を行う際に，市場にある評価対象となるサンプ

ルを 20 以上集めることは困難である．永年，企業の関係部門から少ないサンプル数による評価手法が希求されてきた．デザイン評価では，主に，イメージ調査で用いられている SD 法の 5 段階評定尺度などが用いられているので，区

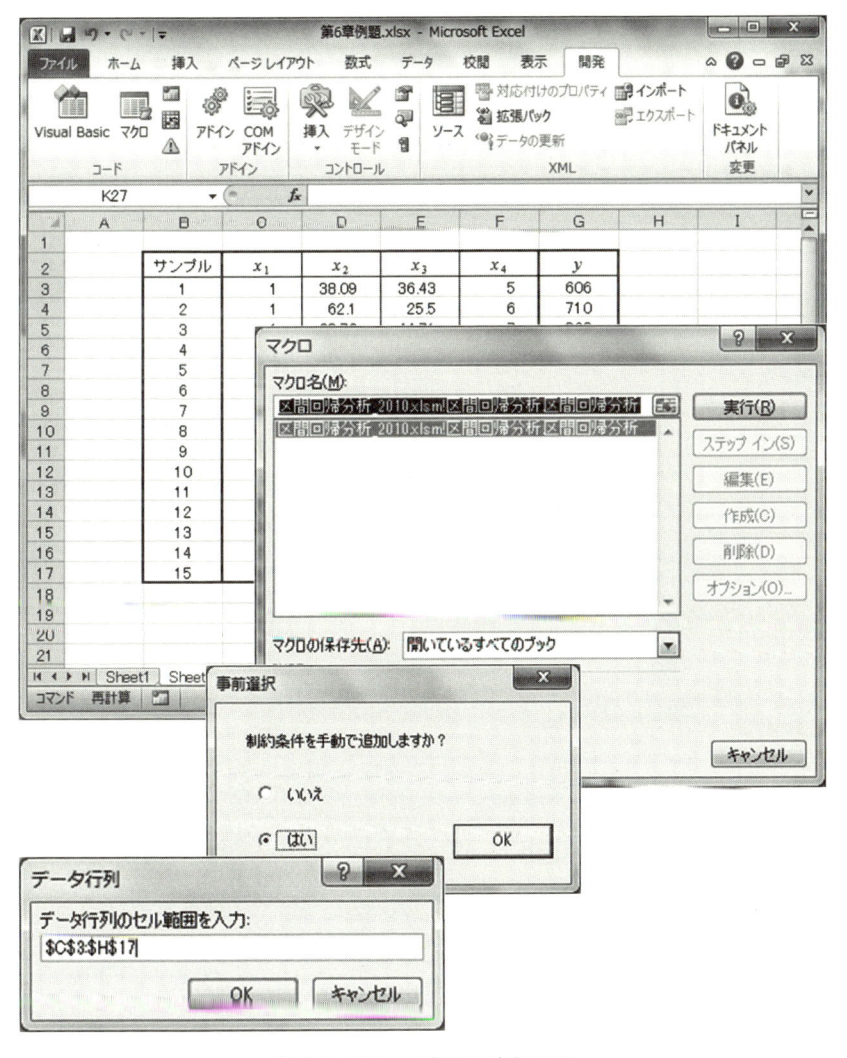

図 6.7　表 3.2 の例題の実行画面

間回帰分析の外れ値の課題もある程度避けられる．また，区間回帰分析は(3.20) 式に示すように線形式であるが，重回帰分析で多く生じる多重共線性の影響も区間の考えかたで多少は吸収できる．

そこで，筆者らは感性デザインの事例研究に区間回帰分析を適用してきた．その例として，入りやすいまたは入りたくなる店舗の外観デザインの研究[1][2]や製品の使いやすさの研究[3] などがある．

図 6.8　表 3.2 の例題の計算結果画面

6.4 区間 AHP

区間 AHP のエクセルソフトも区間回帰分析の場合とほぼ同じ操作で使用できる。まず，前回と同じように区間 AHP のプログラムを実行すると，目的関数の種類を選択するダイアログが表示される。その後に，データ行列を指定するダイアログが表示され，ドラッグしてデータのセル範囲（図 6.9 上段の数値の矩形範囲）を指定する。そしてプログラムを実行すると図 6.9 中段の計算結果が表示される。求める重視度は計算結果の左端（B4 から C7 の範囲）に得られる。なお，この例題は第 4 章の表 4.2 である。この計算過程を，前述したソルバーのパラメーター設定画面に従って説明する。

- 目的セル：区間幅の総和
- 目標値：最小値（(4.13) 式の区間幅の総和の最小化）
- 変数セル：下端ウエイトと上端ウエイト
- 制約条件：下限（下端）は正で上限（上端）よりも小さいこと（具体的には，下限 ≥ 微小な正数 ε, 下限 ≤ 上限），次に一対比較値 a_{ij} はその最大可能性区間に含まれることを示す (4.9) 式（つまり，下限 ($\underline{w_i}/\overline{w_j}$) ≤ 一対比較値 ≤ 上限 ($\overline{w_i}/\underline{w_j}$)），そして区間重要度は正規化されていることを示す (4.10) 式と (4.11) 式

準備として，与えられた情報（一対比較値 a_{ij}）を入力し，区間重要度の下限と上限の初期値は 1 とする。その幅と，合計は，それぞれ次の式で表せる。

L4 　=C4-B4
L5 　=C5-B5
L6 　=C6-B6
L7 　=C7-B7
L9 　=SUM(L4:L7)　　（合計）

このときのすべての一対比較値 a_{ij} の最大可能性区間の上限と下限は，区間重要度の上限と下限を使い分けて，次のような計算式で表せる。

- 最大可能性区間の下限

    F4 =B4/C5   （職種と待遇）

    F5 =B4/C6   （職種と勤務地）

    F6 =B4/C7   （職種と将来性）

    F7 =B5/C6   （待遇と勤務地）

    F8 =B5/C7   （待遇と将来性）

    F9 =B6/C7   （勤務地と将来性）

- 最大可能性区間の上限

    H4 =C4/B5   （職種と待遇）

    H5 =C4/B6   （職種と勤務地）

    H6 =C4/B7   （職種と将来性）

    H7 =C5/B6   （待遇と勤務地）

    H8 =C5/B7   （待遇と将来性）

    H9 =C6/B7   （勤務地と将来性）

さらに，区間重要度を正規化するために，それらの和を上限と下限を用いて，次のように計算しておく．

- 和（下限）

    I4 =C4+B5+B6+B7

    I5 =B4+C5+B6+B7

    I6 =B4+B5+C6+B7

    I7 =B4+B5+B6+C7

- 和（上限）

    K4 =B4+C5+C6+C7

    K5 =C4+B5+C6+C7

    K6 =C4+C5+B6+C7

    K7 =C4+C5+C6+B7

[第6章] エクセルによる解法と例題   119

	A	B	C	D	E	F
1						
2			職種	待遇	勤務地	将来性
3		職種		3	5	5
4		待遇			3	5
5		勤務地				2
6		将来性				

	A	B	C	D	E	F	G	H	I	J	K	L
1	●区間AHP法											
3		下端W	W上端		ε<下端W	制約条件(下端)	(Aij)	制約条件(上端)	正規化(下端<1)	基準=1	正規化(1<上端)	(区間幅)
4	S1	0.602	0.602		0.0001	2.600	3.000	3.000	0.926	1	1.074	0.0000
5	S2	0.201	0.231			5.000	5.000	7.800	0.957	1	1.043	0.0309
6	S3	0.077	0.120			5.000	5.000	13.000	0.969	1	1.031	0.0432
7	S4	0.046	0.120			1.667	3.000	3.000	1.000	1	1.000	0.0741
8						1.667	5.000	5.000				
9						0.641	2.000	2.600			●目的関数:	0.1481

ソルバーのパラメーター

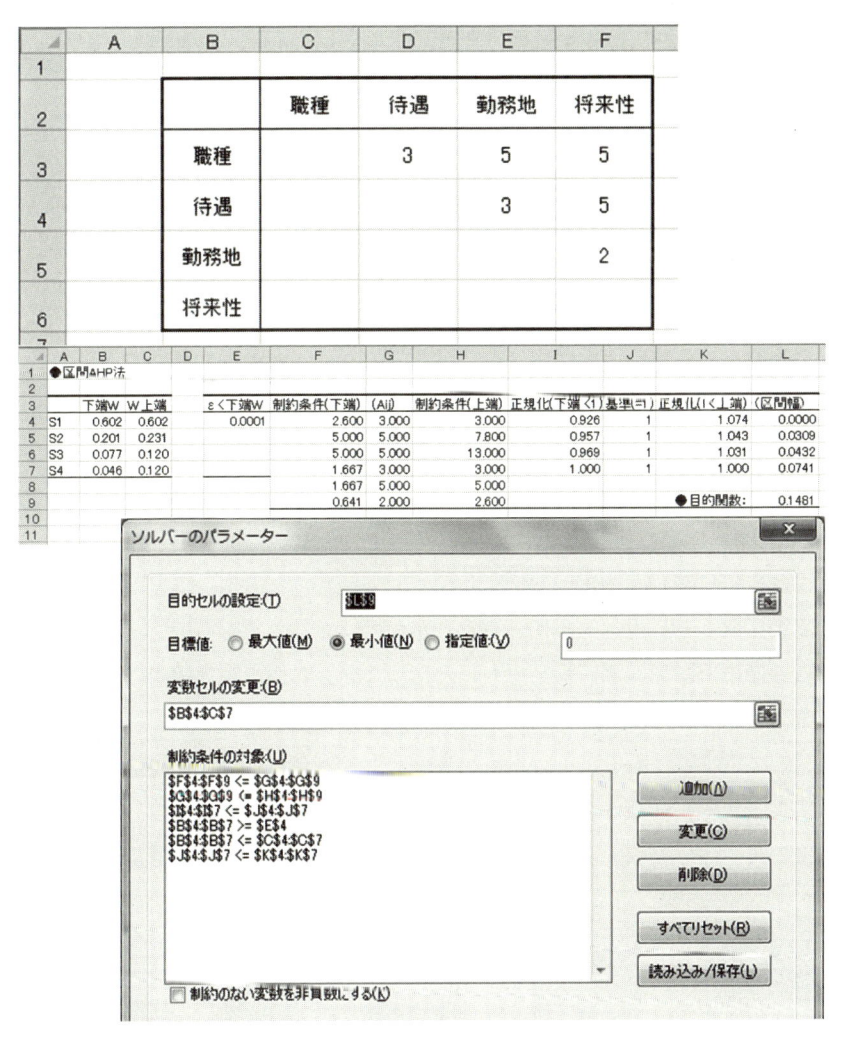

目的セルの設定(T): $L$9

目標値: ○最大値(M) ●最小値(N) ○指定値(V) 0

変数セルの変更(B):
$B$4:$C$7

制約条件の対象(U):
$F$4:$F$9 <= $G$4:$G$9
$G$4:$G$9 <= $H$4:$H$9
$J$4:$J$7 <= $J$4:$J$7
$B$4:$B$7 >= $E$4
$B$4:$B$7 <= $C$4:$C$7
$J$4:$J$7 <= $K$4:$K$7

追加(A)
変更(C)
削除(D)
すべてリセット(R)
読み込み/保存(L)

□制約のない変数を非負数にする(K)

図 6.9　表 4.2 の例題の区間 AHP の入出力画面とパラメーター設定

次にパラメーター設定を行う。図 6.9 下段のパラメーター設定ダイアログを表示させる。まず，上から「目的セル」に L9，「目標値」は最小値，「変数セル」には区間重要度の上下限 B4〜C7 の範囲を指定する。そして制約条件欄に

は，「区間重要度の下限 ≤ 区間重要度の上限」「区間重要度の下限 ≥ ε」「可能性区間の下限 ≤ a_{ij}」「a_{ij} ≤ 可能性区間の上限」「和（下限）≤ 1」「1 ≤ 和（上限）」の 6 つの条件を追加入力する．すべての設定が終わったら右下の「解決」ボタンをクリックする．その計算結果が図 6.9 中段に示されている．

以上の一連の操作を，区間 AHP のエクセルソフトは，一対比較値のデータ範囲を指定した後に自動的に実行する．

ところで，第 4 章でも述べたように，区間 AHP は，嗜好のような感性的評価で頻繁に発生する循環関係（推移律が不成立）にも適用できる大きな利点がある．そこで，次に，製品の操作性評価の事例研究[4][5]を用いてその有効性を考える．なお，携帯電話の類似の事例研究[6]も行っている．

調査時点での代表的なインタフェースタイプを持つ携帯音楽プレーヤ 5 機種（図 6.10 の左から，A，P，H，S，V）を実験サンプルとして用いた．実験の手順は，最初に被験者 10 名（男性 5 名と女性 5 名の大学生）に対して，サンプルを手に取らずに視覚的な使いやすさ感だけに着目してもらい，その結果を 5 段階評価の一対比較で回答してもらった．なお，この 5 段階評価は，「行 A が列 B よりも極めて視覚的に使いやすそう（A>B）」の 5 点から「A と B は同じ」の 1 点までである．なお，A と B が反対の評価（A<B）の場合は表 4.2 に示すようにその逆数となる．

その後，同一被験者を対象に操作性評価の実験としてタスク分析を行った．

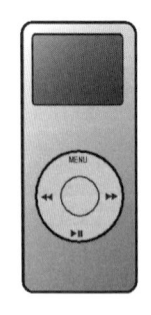

図 6.10　サンプルのイラスト

表 6.2　タスク分析の概要

■タスク1（初心者）
本体の電源を入れ，電池があることを確認してから「歌手A」の「曲名B」を，直接聞いてください。その後，音量を適切な大きさに調整し，演奏を3分20秒付近まで飛ばし，サビが流れているのを確認してから音楽の再生を止め，画面を最初のメイン画面に戻してください。

■タスク2（中級者）
あなたの好きな一曲を繰り返し聴けるようにしてください。繰り返し曲が流れるように設定が終わったら，音楽の再生を止め，画面を最初のメイン画面に戻してください。

■タスク3（上級者）
ランダム（シャッフル）に曲を聴けるようにしてください。ただし，一曲目は聴きたい曲が出るまで，曲を飛ばしてから聴いてください。ある程度，曲を聴いてから音楽を聴くのを止めてください。最後に電源を切り，プレーヤを最初の状態に戻してください。

具体的には，実際のサンプルを使用し，表6.2に示す3つのタスクを課した。また，実験の様子をビデオカメラに収録し（各被験者，1時間程度），被験者の発話データを記録した。そして，各タスクの終了後に，実際の使用結果を踏まえての5段階評価による総合的な一対比較評価を行った。使用後のため，この総合的評価では操作画面のわかりやすさも含まれる。

ところで，操作性評価実験前に実施した視覚的な使いやすさの評価に関しては，統計的な有効性を確保するために，本実験の後，さらに追加して男性10名と女性10名の大学生を被験者とした5段階評価の一対比較評価を行った。一方，約1時間のタスク分析を行った被験者は十分サンプルに対する評価構造がつくられたとして，被験者10名の総合評価をそのまま計算に用いた。

実験で用いた具体的な一対比較評価の方法は，提示する順序効果を少なくするために，乱数を用いてすべての組み合わせのサンプルの対を各被験者の前に提示して，どちらが視覚的に使いやすそうか（または使いやすかったか）を5

	A	B	C	D	E	F	G
2	●幾何平均の結果						
4	サンプル	A	P	H	S	V	
5	A			1.35	1.61	1.73	1.94
6	P				1.62	1.34	1.75
7	H					1.12	1.5
8	S						1.61
9	V						

	A	B	C	D	E	F	G	H	I	J	K	L
1	●区間AHP法											
3		下端W	W 上端		ε<下端W	制約条件(下端)	(Aij)	制約条件(上端)	正規化(下端<1)	基準(=1)	正規化(1<上端)	(区間幅)
4	S1	0.303	0.303		0.0001	1.346	1.350	1.350	0.945	1	1.049	0.0000
5	S2	0.225	0.226			1.610	1.610	2.180	0.945	1	1.049	0.0007
6	S3	0.139	0.188			1.730	1.730	1.803	0.994	1	1.000	0.0493
7	S4	0.168	0.175			1.940	1.940	2.785	0.952	1	1.042	0.0071
8	S5	0.109	0.156			1.193	1.620	1.620	0.992	1	1.002	0.0475
9						1.281	1.340	1.340				
10						1.437	1.750	2.070			●目的関数:	0.1046
11						0.794	1.120	1.120				
12						0.890	1.500	1.730				
13						1.076	1.610	1.610				

図 6.11　幾何平均結果(視覚的な使いやすさ感)と計算結果の画面

段階で評価してもらった。次に，被験者の平均値を求めることになるが，用いた尺度は比率尺度であることから，エクセルの幾何平均の関数を用いて被験者の平均値を計算した。その結果を整理して，区間 AHP が計算できるようにまとめたデータ表が図 6.11 上段の画面である。なお，図 6.11 は視覚的な使いやすさ感の結果である。

次に，幾何平均の結果をもとに区間 AHP の計算を行う。前述した手順でプログラムを実行すると，図 6.11 下段右側の画面に示すように「出力」のワークシートに計算結果が表示される。

区間 AHP の結果をすぐに考察できるようにするために，求められた「上端」と「下端」の区間値をエクセルのグラフウィザードを用いて視覚化する。ここでは「株価チャート」のグラフウィザードを使用する。その入力データとしては「高値」「安値」「終値」の 3 種類が必要なので，高値に「上端」を，安値に「下端」，終値にそれらの「平均値」を用いた。たとえば図 6.11 左下の S3 の場

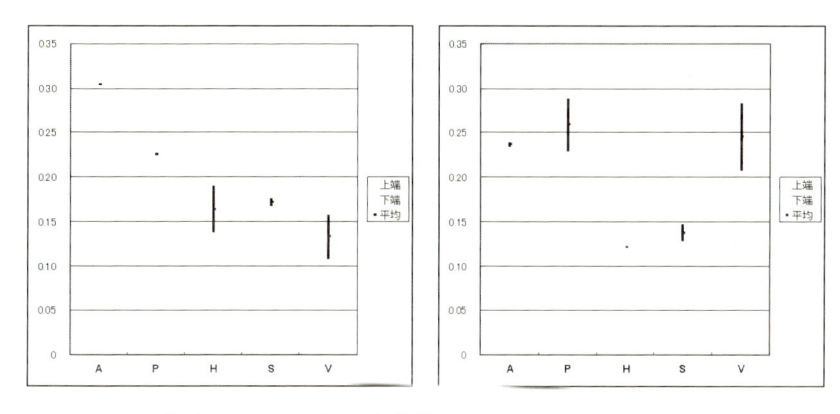

図 6.12 計算結果のグラフ化(左：視覚的な使いやすさ感，右：実際の使いやすさ)

合，3つのセルの中に左から「0.188」「0.139」「0.163」と入力する。得られたグラフをデザイン的に加工したのが図 6.12 の左側である。右側の図は，同様にして計算した実験後の総合的な使いやすさの一対比較の評価結果をグラフ化したものである。

　図 6.12 の 2 つの図を比較すると操作性評価実験の前後では評価が大きく異なっていることがわかる。まず，実験前の視覚的な使いやすさ感は，サンプル H を除くと大小関係に矛盾のない弱推移律が示されている。とくに，1 位と 2 位は区間が重ならないため順序が確定している。しかし，3 位と 4 位は重なり合っているため明確な順序は確定していない。

　一方，実験後の総合評価では，最下位のサンプル V が上位に移行し，またその区間は最も広い。これはサンプル V に対する被験者の評価にバラツキがあることを示している。また，実験前の評価が中位であったサンプル H は最下位に後退して，評価のバラツキがほとんどない。これはサンプル H には評価の一致するような大きな欠点があることを示している。被験者のほぼ全員が，サンプル H にだけ採用されているスライド式ボタンを，その形状から押しボタンと間違えたと指摘していた。このデザイン的な欠点が評価に影響したと考察できる。

次に，サンプル A とサンプル P の 1 位と 2 位の順位が実験前では順位が確定していたが，実験後は確定していない。また，実験前と比べ，実験後はサンプル P の区間が広がっている。サンプル V はボタン数が多かったため，視覚的な使いやすさ感の評価は低かったが，実際に使用してみるととても使いやすかったという被験者の発話記録があった。発話記録によると，サンプル A はシンプルなデザインで使いやすさ感の評価は最も高かったが，実際に使用してみると電源ボタンがないことや，中央丸型のタッチパネルの操作が最初はわかりにくいことが評価を下げた要因と考えられる。

なお，多くの被験者の一対比較評価の幾何平均を求めるには専用のエクセルソフトが必要になる。そのソフトは前述の区間 AHP のエクセルソフトとは別に用意してある。

6.5 DEA（実数データと区間データによる効率値）

第 5 章で解説した DEA をエクセルのソルバー機能を用いて計算する方法を説明する。6.3 節の区間回帰分析と 6.4 節の区間 AHP では，1 回のソルバー実行で区間係数（6.3 節）や区間重要度（6.4 節）が求められる。これに対して，ここで説明する DEA は，効率値を求める事業体ごとにソルバーを実行することになる。すなわち，全事業体の効率値を求めるためには，事業体の数に相当する回数，ソルバーを実行しなければならない。入出力データが実数値の場合，効率値を求める作業から始めて，それらが区間値のとき，効率値の上限と下限を求めて，効率値を区間値として求める作業へと続く。

具体的には，表 5.2 にある実数データの例題（図 6.13 上段の表）を用いて，前述したソルバーのパラメーター設定画面に従って説明する。効率値を求める事業体は，(5.4) 式に従って，図書館 B とする。

- 目的セル：図書館 B の効率値 θ（(5.4) 式の目的関数値）
- 目標値：最大値（効率値 θ の最大化）

- 変数セル：入出力ウエイト u, v
- 制約条件：図書館 B の仮想入力が 1 であること，仮想入力は仮想出力より大きいこと，入出力ウエイトが非負であること（(5.4) 式の 3 種類の制約条件）

準備として，与えられた情報（10 図書館の入力「面積」と出力「登録者数と貸出冊数」）を入力し，入出力ウエイト u, v の初期値は 1 とする。

このときの各図書館に対する仮想入力と仮想出力は，次のような計算式で表せる。

- 仮想入力
  D17 =C4*B17　（図書館 A → 1）
  D18 =C5*B17　（図書館 B → 2）
  　　　︙
  D26 =C13*B17　（図書館 J → 10）
- 仮想出力
  E17 =D4*B18+E4*B19　（図書館 A → 1）
  E18 =D5*B18+E5*B19　（図書館 B → 2）
  　　　︙
  E26 =D13*B18+E13*B19　（図書館 J → 10）

前述したように，効率値を求める図書館ごとに，ソルバーの設定が異なる。そこで，「効率値を求める事業体」欄を設け，ここに図書館の番号を入力することで，その対象の仮想入力と仮想出力が隣に抜き出されるよう，次のように設定している。

C27 =2　（例題では，図書館 B の効率値を求める）

D27 =LOOKUP(C27,C17:C26,D17:D26)
　　　（求める図書館の仮想入力の検索結果）

E27 =LOOKUP(C27,C17:C26,E17:E26)
　　　（求める図書館の仮想出力の検索結果）

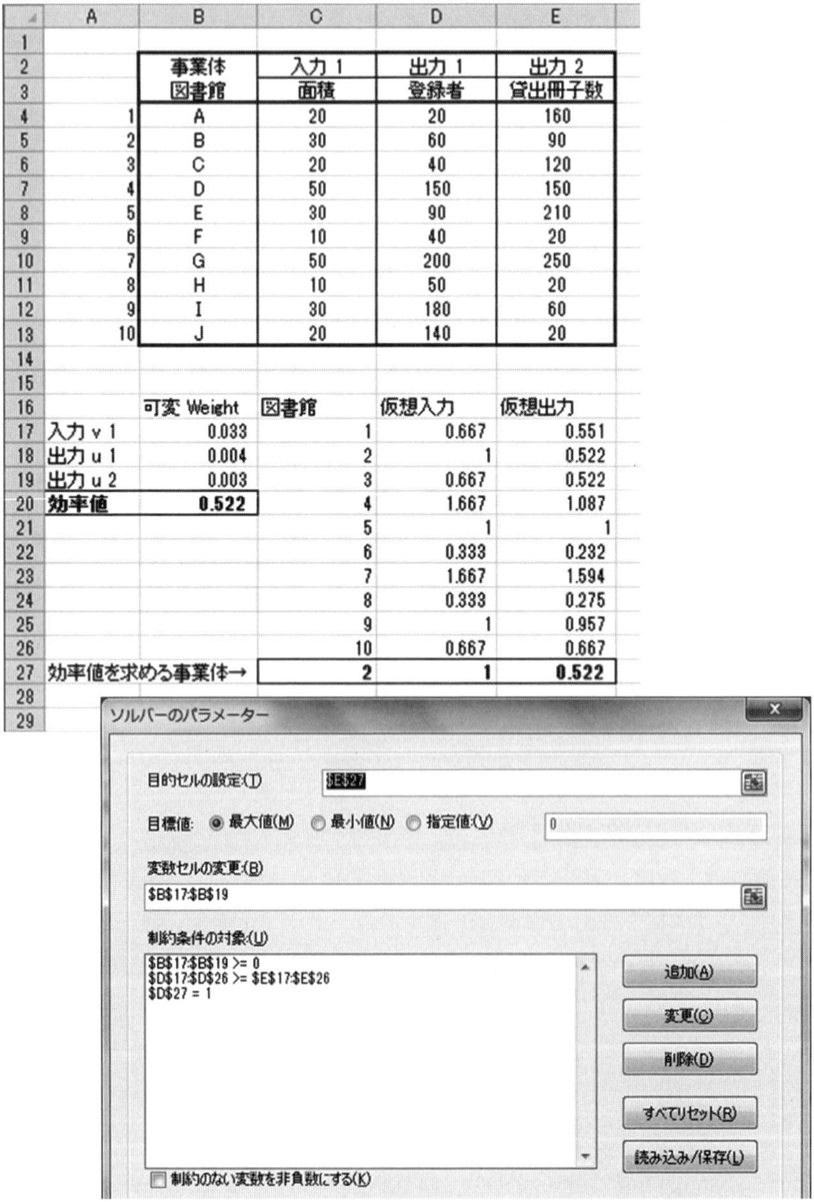

	A	B	C	D	E
1					
2		事業体	入力1	出力1	出力2
3		図書館	面積	登録者	貸出冊子数
4	1	A	20	20	160
5	2	B	30	60	90
6	3	C	20	40	120
7	4	D	50	150	150
8	5	E	30	90	210
9	6	F	10	40	20
10	7	G	50	200	250
11	8	H	10	50	20
12	9	I	30	180	60
13	10	J	20	140	20
14					
15					
16		可変 Weight	図書館	仮想入力	仮想出力
17	入力 v 1	0.033	1	0.667	0.551
18	出力 u 1	0.004	2	1	0.522
19	出力 u 2	0.003	3	0.667	0.522
20	**効率値**	**0.522**	4	1.667	1.087
21			5	1	1
22			6	0.333	0.232
23			7	1.667	1.594
24			8	0.333	0.275
25			9	1	0.957
26			10	0.667	0.667
27	効率値を求める事業体→		2	1	0.522

ソルバーのパラメーター

目的セルの設定(T): $E$27

目標値: ● 最大値(M) ○ 最小値(N) ○ 指定値(V) 0

変数セルの変更(B):
$B$17:$B$19

制約条件の対象(U):
$B$17:$B$19 >= 0
$D$17:$D$26 >= $E$17:$E$26
$D$27 = 1

□ 制約のない変数を非負数にする(K)

図 6.13 表 5.2 の例題のエクセル画面

最後に，入出力ウエイトと「効率値」欄を設け，入出力ウエイトと効率値が一目でわかるようにする。

B20 =E27

次に，図 6.13 下段のパラメーター設定ダイアログを表示させ，パラメーター設定を行う。上から「目的セル」に E27，「目標値」は最大値，「変数セル」には B17〜B19 の範囲を指定する。そして制約条件欄には，B17〜19 ≥ 0（入出力ウエイト u, v が正），D17〜26 ≥ E17〜26（仮想入力 ≥ 仮想出力），D27 = 1（図書館 B の仮想入力が 1）の 3 つの条件を追加する。すべての設定が終わったら右下の「解決」ボタンをクリックする。その計算結果は，図 6.13 上段のような入出力ウエイトと効率値となる。

例題の 10 図書館すべての効率値を求めるには，事業体番号を入力してソルバーを実行する作業を 10 回繰り返すことになる。事業体の数が多くなるに従い，また，入力項目や出力項目の数が増えるに従い，作業に手間がかかるようになる。そこで，これまでの手法と同じように，筆者は DEA の入出力表のデータ範囲を指定しただけで，自動的に計算してくれる DEA のエクセルソフトを制作した。

そのソフトを用いて表 5.2 にある実数データの例題を説明する。まず，図 6.14 上段に示すように表 5.2 の例題データを入力する。そして，DEA のエクセルソフトを起動し，数値のデータセル範囲を選択してマクロを実行すると，別のワークシート上に，図 6.14 下段に示す入出力ウエイトと効率値が得られる。ここでは，表 5.2 左側の実数データを用いて説明したが，表 5.2 右側のように単位面積あたりに変換した実数データを用いても，同じ結果が得られる。

次に，このエクセルソフトを活用して，出力が区間データの例題（表 5.3）で効率値を区間値として求める方法を説明する。ここでは，5.2 節の例題と同じく，図書館 G の効率値を求める。まず，表 5.5 に示されるルールに従い，図書館 G の効率値の上限と下限を求めるために用いる，出力値の選択を行う。これは表 5.4 のようになるが，ここで改めて図 6.15 に示す。

	A	B	C	D	E	F
1						
2						
3		事業体	入力1	出力1	出力2	
4		図書館	面積	登録者	貸出冊子数	
5		A	20	20	160	
6		B	30	60	90	
7		C	20	40	120	
8		D	50	150	150	
9		E	30	90	210	
10		F	10	40	20	
11		G	50	200	250	
12		H	10	50	20	
13		I	30	180	60	
14		J	20	140	20	

	A	B	C	D	E	F
1	●包絡分析法(DEA)					
2						
3		入力v1	出力u1	出力u2	効率値	
4	1	0.0500	0.0029	0.0059	1.000	
5	2	0.0333	0.0043	0.0029	0.522	
6	3	0.0500	0.0029	0.0059	0.824	
7	4	0.0200	0.0026	0.0017	0.652	
8	5	0.0333	0.0043	0.0029	1.000	
9	6	0.1000	0.0130	0.0087	0.696	
10	7	0.0200	0.0026	0.0017	0.957	
11	8	0.1000	0.0130	0.0087	0.826	
12	9	0.0333	0.0043	0.0029	0.957	
13	10	0.0500	0.0071	0.0000	1.000	

図6.14　DEAのエクセルソフトの入力画面と計算結果画面

　図書館Gの効率値の下限を求めるには，図6.13のC4〜E13を図6.15左側の入出力データに置き換えて，効率値を求める事業体欄（C27）に「7」を入力して実行する．すると，効率値欄（B20）に「0.809」が得られ，これが下限となる．さらに，図6.15右側のデータに置き換えて実行すると，効率値の上限として「1.000」が得られる．

　以上の計算から，図書館Gの効率値は区間値[0.809, 1.000]となる．その他

[第6章] エクセルによる解法と例題　129

	A	B	C	D	E		A	B	C	D	E
1						1					
2		事業体	入力1	出力1	出力2	2		事業体	入力1	出力1	出力2
3		図書館	面積	登録者	貸出冊子数	3		図書館	面積	登録者	貸出冊子数
4	1	A	1	1.2	8.5	4	1	A	1	0.8	7.5
5	2	B	1	2.2	3.6	5	2	B	1	1.8	2.4
6	3	C	1	2.3	6.3	6	3	C	1	1.7	5.7
7	4	D	1	3.5	3.3	7	4	D	1	2.5	2.7
8	5	E	1	3.2	7.3	8	5	E	1	2.8	6.7
9	6	F	1	4.2	2.2	9	6	F	1	3.8	1.8
10	7	G	1	3.4	4.7	10	7	G	1	4.6	5.3
11	8	H	1	5.3	2.5	11	8	H	1	4.7	1.5
12	9	I	1	6.4	2.3	12	9	I	1	5.6	1.7
13	10	J	1	7.3	1.2	13	10	J	1	6.7	0.8
14						14					
15						15					
16		可変 Weight	図書館	仮想入力	仮想出力	16		可変 Weight	図書館	仮想入力	仮想出力
17	入力 v1	1.000	1	1.000	0.853	17	入力 v1	1.000	1	1.000	0.714
18	出力 u1	0.123	2	1.000	0.570	18	出力 u1	0.123	2	1.000	0.418
19	出力 u2	0.063	3	1.000	0.806	19	出力 u2	0.082	3	1.000	0.677
20	効率値	0.809	4	1.000	0.705	20	効率値	1.000	4	1.000	0.529
21			5	1.000	1.000	21			5	1.000	0.894
22			6	1.000	0.701	22			6	1.000	0.614
23			7	1.000	0.809	23			7	1.000	1.000
24			8	1.000	0.861	24			8	1.000	0.700
25			9	1.000	0.980	25			9	1.000	0.827
26			10	1.000	1.000	26			10	1.000	0.888
27	効率値を求める事業体→		7	1.000001	0.809	27	効率値を求める事業体→		7	1.000001	1.000
28				図書館Gの効率値の下限		28				図書館Gの効率値の上限	

図6.15　下上限の区間効率値の求めかた

の図書館についても同様に，出力値の選択とソルバーの実行という手続きで効率値を区間値として求めることができる．なお，ここでは，単位面積あたりに変換した区間データを用いたが，表5.3左側の変換する前のデータを用いても同じ結果が得られる．

　効率値を求める事業体ごとに，その効率値の下限を求めるための入出力データや，上限を求めるための入出力データを選択して，個別に入力するのは大変である．そこで，効率値の上下限の出力値を選択するエクセルソフトも用意してある．このソフトは，図6.16上段に示すように，入出力表のデータ範囲と入力数，効率値を求める図書館（事業体）の番号を入力すると（入力を促す各ダイアログが表示される），別のワークシートに図6.16下段に示すように効率値の上限を求めるためのデータと，下限を求めるためのデータの2種類の出力値選択表が書き出される．

　先の例題では，入力データは実数値であったため，データを選択する必要はなかった．入出力データ両方の選択を説明するために，図6.16では入力データも区間値とした．また，一度にすべての図書館の結果を書き出すこともできる．

	A	B	C	D	E	F	G	H
1								
2								
3		図書館	入力1		出力1		出力2	
4		A	0.8	1	0.8	1.2	7.5	8.5
5		B	0.9	1	1.8	2.2	2.4	3.6
6		C	1	1.1	1.7	2.3	5.7	6.3
7		D	0.7	1.2	2.5	3.5	2.7	3.3
8		E	1	1	2.8	3.2	6.7	7.3
9		F	1	1.3	3.8	4.2	1.8	2.2
10		G	0.9	1.1	3.4	4.6	4.7	5.3
11		H	0.8	1	4.7	5.3	1.5	2.5
12		I	0.9	1.3	5.6	6.4	1.7	2.3
13		J	1	1.2	6.7	7.3	0.8	1.2
14								

	A	B	C	D	E	F	G	H	I
1	●区間データのための上下限の出力値の選択(区間DEA)								
2									
3		(1)下限の出力値選択（事業体: 7)					(2)上限の出力値選択（事業体: 7)		
4		入力1	出力1	出力2			入力1	出力1	出力2
5	1	0.8	1.2	8.5		1	1	0.8	7.5
6	2	0.9	2.2	3.6		2	1	1.8	2.4
7	3	1	2.3	6.3		3	1.1	1.7	5.7
8	4	0.7	3.5	3.3		4	1.2	2.5	2.7
9	5	1	3.2	7.3		5	1	2.8	6.7
10	6	1	4.2	2.2		6	1.3	3.8	1.8
11	7	1.1	3.4	4.7		7	0.9	4.6	5.3
12	8	0.8	5.3	2.5		8	1	4.7	1.5
13	9	0.9	6.4	2.3		9	1.3	5.6	1.7
14	10	1	7.3	1.2		10	1.2	6.7	0.8
15									

図 6.16　2 種類の出力値選択表を求めるエクセルソフトの入力と出力の画面

〔注〕エクセルソフトの入手方法

　区間分析の応用研究と事例適用の推進を図るために，本章で紹介した3種類のエクセルソフトを有償で入手できるインターネット環境を用意してある。詳しくは株式会社ホロンクリエイト（http://www.hol-on.co.jp）のホームページ（図6.17）に記されている。

　なお，3種類のエクセルソフトはエクセルに搭載されているソルバー機能を使用しているが，エクセルはバージョンによって参照設定が異なる。そのため，バージョン毎にソフトを用意してある。また，2010版では，図6.2のパラメーター設定画面の中段にある「制約のない変数を非負数にする（K）」が追加されたため，それを回避する制約条件を追加してある（詳細は2010版ソフトを参照）。

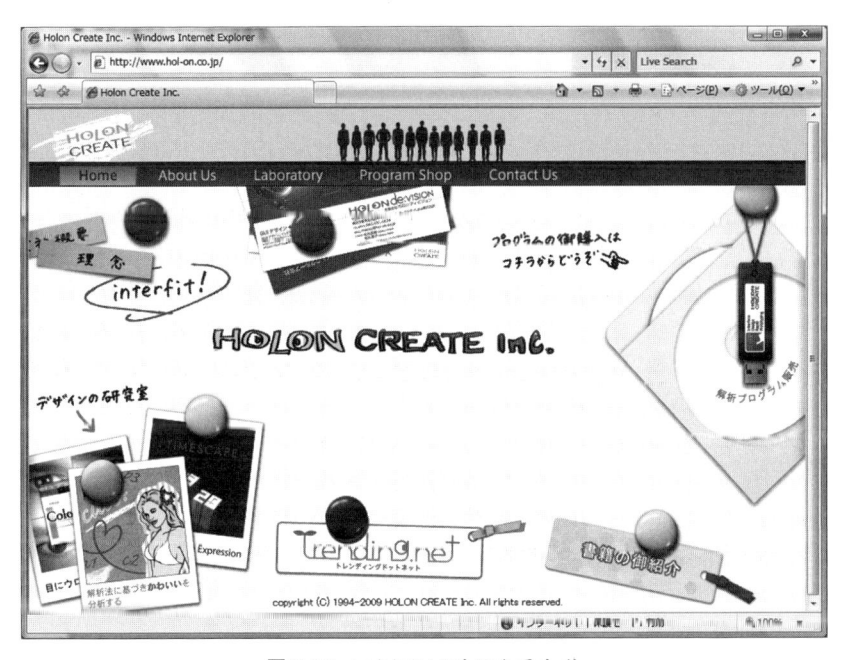

図 6.17　エクセルソフトの入手サイト

参考文献

[1] 井上勝雄・藤井忠夫・原田実穂・中川亮：区間分析とラフ集合を用いた店舗デザインの調査分析と提案, デザイン学研究, 第56巻3号（通号195号), pp.21–30, 2009.
[2] 日本建築学会編：都市・建築の感性デザイン工学, 朝倉書店, pp.80–85, 2008.
[3] 井上勝雄・酒井祐輔：インタフェース階層視点からの視覚的使いやすさ感の調査研究, 第6回日本感性工学会春季大会講演集, 11D02（CD-ROM), 2011.
[4] 酒井正幸・井上勝雄・木下祐介：ラフ集合理論と区間AHPを用いたユーザビリティ評価手法の提案, 日本感性工学会論文誌, 第8巻1号（通号021号), pp.197–205, 2008.
[5] 井上勝雄：魅力的なインタフェースをデザインする, 工業調査会, pp.142–161, 2008.
[6] 酒井祐輔・井上勝雄・関口彰：携帯電話デザインの視覚的使いやすさ感の調査分析, 日本人間工学会中国・四国支部第43回大会講演集, pp.74–75, 2010.

おわりに

　ファジィ回帰分析の研究は30年以上も前に始まり，その後，決定問題におけるファジィ解，よりわかりやすい区間解に関する多くの論文が発表されている。これらの論文では，問題の定式化とその解法に重点が置かれていた。本書では，あいまいな状況では，通常のような実数値よりも区間値のような幅を持ったあいまいな評価が適しているという観点からの研究をやさしく述べている。問題があいまいであっても，またそうであるからこそ余計に，唯一の正解が欲されるという一面もあるだろう。しかしながら，いまの時代は，価値観の多様化が進み，また，それが新しいものを生み出す源泉になっているとも言われる。日ごろから何かにつけて柔軟な対応を余儀なくされ，それに慣れ親しみつつある我々にとっては，あいまいな問題に対して，あいまいな解を求めることも，意外になじみ深く，受け入れやすいのではないだろうか。そして，あいまいな解を得ることが果たす役割やメリットを改めて考えてみることにも価値があると思う。このような趣旨が現実の問題において必要であることを実感できるような例題を挙げ，その解法をわかりやすく述べ，読者が種々の問題に適用できるように工夫した。また区間評価による決定問題にも言及している。さらに，本書が契機になって応用研究が活発になることを期待し，それを推進するツールとして，誰でも使える区間分析のソフトウェアを提供（有償）している。

　本書で取り上げた3つの問題，すなわち第3，4，5章では，「現実問題のあいまいさに対応して，現実問題の解はあいまいであるべきである」という思考が，可能性という観点から定式化されている。これはおおむね次のように説明できると考える。第3章の区間回帰では，与えられる実測データの可能性と必然性という観点からあいまいさを考慮して，区間回帰モデルというあいまいな解が得られた。通常の回帰モデルでは，現象のあいまいさが観測誤差として考

慮されているが，区間回帰では，このあいまいさをモデルのあいまいさと見なし，可能性または必然性の観点からの区間回帰モデルを用いている．第4章の区間 AHP では，意思決定者が与える一対比較値の相互関係にある不整合性というあいまいさを可能的に捉えて，あいまいさを反映した区間ウエイトが得られた．第5章の区間データを用いた DEA では，与えられるデータが表すあいまいさを反映して，効率値が区間値というあいまいな解として得られ，さらに区間 DEA では，楽観的評価から悲観的評価まで評価の多様性を踏まえて，区間効率値があいまいな解として得られた．本文でも紹介したように，第3, 4, 5章で取り上げた問題の解法は線形計画法または2次計画法によっている．簡易的方法としてエクセルのソルバー機能で解けるが，高負荷の入力作業が必要である．この困難な作業を自動的に行うエクセルのマクロ・プログラムを開発し，それを用いて容易に解を得る方法を第6章で解説した．

　最後に，このあいまいさに関する研究は，これから先も時代の流れとともに，新たな分野への広がりを模索しつつ，形を変えながらも続いていく研究テーマであろう．

円谷友英，井上勝雄

索　　引

【アルファベット】
AHP　　44
DEA　　69, 72, 78, 124
DMU　　71
LP 問題　　71, 79

【あ】
あいまいさ　　84, 91, 97

【い】
一対比較値　　45

【う】
上からの近似　　17

【か】
回帰係数　　22
仮想出力　　70, 76
仮想入力　　70, 76
可能性　　16, 18, 84, 91, 98
可能性区間　　37
可能性検索　　17
可能性モデル　　33
上近似　　59
上近似モデル　　33, 37

【き】
幾何平均法　　47
強推移律　　49
共分散行列　　24

【く】
区間 AHP　　117
区間 DEA　　91
区間　対比較行列　　59

区間回帰　　25, 28, 29
区間回帰分析　　111
区間回帰モデル　　25, 32, 34
区間確率　　14
区間型　　9
区間係数　　25, 27
区間係数ベクトル　　29
区間効率値　　91
区間効率値の下界　　93, 96
区間効率値の上界　　92, 96
区間重要度　　51
区間出力　　29, 87
区間順序関係　　53
区間データ　　84, 90, 97
区間データの検索　　16
区間入力　　87
区間の加法　　9
区間の減法　　10
区間の順序関係　　13, 89, 95
区間の乗法　　12
区間の除法　　12
区間表示　　8

【け】
係数型　　9

【こ】
拘束条件　　26, 30, 32, 35
効率性改善　　82, 96
効率値　　78, 92, 124
効率値の下限　　86
効率値の上限　　86
効率的　　77, 79, 89, 95
効率的フロンティア　　75
誤差　　22

固有値法　47

【し】
事業体　71, 77
下からの近似　17
実数と区間との積　11
下近似　59
下近似モデル　33, 37
弱推移律　49
出力ウエイト　78

【す】
推定区間　26, 33, 112
推定区間出力　30

【せ】
整合度　50
生産可能集合　75
線形計画法　105
線形計画問題　26, 30, 32–35, 71, 79
線形不偏推定　24
全順序関係　81

【そ】
相対的効率値　97
相対的評価　92
双対関係　18
ソルバー機能　108

【た】
多項式　37

【て】
データの選択　86, 87, 97

【と】
統計的回帰　22, 28, 29
特異　96

【に】
2次計画法　40
入力ウエイト　78

【は】
半順序関係　89, 95

【ひ】
悲観的効率値　91, 93, 96, 99
非推移律　50
必然性　16, 18
必然性区間　37
必然性検索　17
必然性モデル　33
評価関数　30, 34
評価関数値　26
評価視点　74, 91, 97, 98

【ふ】
不利な立場　91, 93, 96
分散　23
分散の推定　24

【へ】
平均　23
変動　84, 90, 97

【ほ】
包含関係　17, 34–36, 40
包絡分析法　69

【む】
無知さ　15

【ゆ】
有利な立場　78, 91, 92, 96

【ら】
楽観的効率値　91, 92, 96, 99
ラフ集合　17, 59

ISBN978-4-303-72396-8
区間分析による評価と決定

2011年9月15日　初版発行　　　　　　　　ⒸH. TANAKA/T. ENTANI/
　　　　　　　　　　　　　　　　　　　　K. SUGIHARA/K. INOUE 2011

著　者　田中英夫・円谷友英・杉原一臣・井上勝雄　　　　　　　検印省略
発行者　岡田節夫
発行所　海文堂出版株式会社
　　　　本　社　東京都文京区水道2-5-4（〒112-0005）
　　　　　　　　電話 03(3815)3292　FAX 03(3815)3953
　　　　　　　　http://www.kaibundo.jp/
　　　　支　社　神戸市中央区元町通3-5-10（〒650-0022）
日本書籍出版協会会員・工学書協会会員・自然科学書協会会員

PRINTED IN JAPAN　　　　　　　印刷　田口整版／製本　小野寺製本

JCOPY <(社)出版者著作権管理機構　委託出版物>
本書の無断複写は著作権法上での例外を除き禁じられています。複写される場合は、そのつど事前に、(社)出版者著作権管理機構（電話03-3513-6969, FAX 03-3513-6979, e-mail: info@jcopy.or.jp）の許諾を得てください。

図 書 案 内

ラフ集合の感性工学への応用
井上勝雄 編
A5・256頁・定価（本体2,800円＋税）
ISBN978-4-303-72393-4

感性という視点から商品開発やサービス開発、製品デザインなどを行う際の手法であるラフ集合理論の、感性工学に関する応用事例集。企業関係者にも参考になる身近な事例を選出。可変精度ラフ集合も詳しく紹介。ラフ集合ソフト（別売）使用法の解説付。

ラフ集合と感性
―データからの知識獲得と推論
森 典彦・田中英夫・井上勝雄 編
A5・200頁・定価（本体2,400円＋税）
ISBN978-4-303-72390-3

日本語で書かれた最初のラフ集合の本。第1章はラフ集合の考えかたを数学的表現をできるだけ抑えて平易に解説。第2章はラフ集合ソフト（別売）の使用法を解説。第3章から第6章は事例研究を紹介。第7章と第8章は応用に関する理論編。

商品開発と感性
長町三生 編
A5・260頁・定価（本体2,800円＋税）
ISBN978-4-303-72391-0

感性製品の事例を中心に、感性の測定や感性から設計へ至る過程および統計手法の使いかたなどをわかりやすく記述。新しい手法である「ラフ集合論」の感性工学への応用についても多くのページを割いている。

デザインと感性
井上勝雄 編
A5・288頁・定価（本体2,900円＋税）
ISBN978-4-303-72392-7

ロングライフデザイン、ユニバーサルデザイン、環境への配慮、インタフェースデザイン、デザインのデジタル化、デザインマネージメント、デザインコンセプト、マーケティング、デザイン評価などについて解説。

数理的感性工学の基礎
―感性商品開発へのアプローチ
長沢伸也・神田太樹 共編
A5・160頁・定価（本体2,200円＋税）
ISBN978-4-303-72394-1

感性評価の概要、心理物理学、SD法と主成分分析、ニューラルネットワーク、GA、ラフ集合、AHPといった感性工学で用いられる数理的手法の解説と感性工学への適用例から構成。感性商品開発に携わる実務家ならびに感性工学研究者の必読書。

エクセルによる調査分析入門
井上勝雄 著
A5・208頁・定価（本体2,000円＋税）
ISBN978-4-303-73091-8

マーケティング、デザインコンセプト策定に携わる読者に、実践的例題により、統計的検定の考え方から、尤度関数を用いた最新の多変量解析手法、ラフ集合や区間分析の手法まで解説。（別売エクセルVBAソフトあり）

表示価格は2011年8月現在のものです。
目次などの詳しい内容はホームページでご覧いただけます。
http://www.kaibundo.jp/